防汛抢险应急能力培训教材

SHUILI GONGCHENG
FANGXUN QIANGXIAN SHIYONG SHOUCE

水利工程防汛抢险实用手册

王红旗 等 编著

中国水利水电出版社
www.waterpub.com.cn

·北京·

内 容 提 要

　　本书紧密结合广东省防汛工作实际情况，对水利工程防汛抢险的知识、方法和典型案例进行了系统的整理和归纳，针对不同类型水利工程的险情抢护技术进行了介绍。书中提供了丰富的水利工程抢险实例，回顾了险情发生的过程、主要原因，介绍了抢险的主要经验和技术措施，为类似工程险情抢护处置提供了参考。

　　本书注重理论与实践相结合，突出实用性和可操作性，可作为政府部门、企事业单位及参加抗洪抢险的解放军和武警部队指战员、抢险队员等开展水利工程防汛抢险学习和培训的参考教材。

图书在版编目（CIP）数据

　水利工程防汛抢险实用手册 / 王红旗等编著. -- 北京：中国水利水电出版社，2021.8(2022.11重印)
　防汛抢险应急能力培训教材
　ISBN 978-7-5170-9830-0

　Ⅰ．①水… Ⅱ．①王… Ⅲ．①防洪工程—手册 Ⅳ.
①TV87-62

　中国版本图书馆CIP数据核字(2021)第163259号

书　　名	**水利工程防汛抢险实用手册** SHUILI GONGCHENG FANGXUN QIANGXIAN SHIYONG SHOUCE
作　　者	王红旗　等 编著
出版发行	中国水利水电出版社 （北京市海淀区玉渊潭南路1号D座　100038） 网址：www.waterpub.com.cn E-mail：sales@mwr.gov.cn 电话：(010) 68545888（营销中心）
经　　售	北京科水图书销售有限公司 电话：(010) 68545874、63202643 全国各地新华书店和相关出版物销售网点
排　　版	中国水利水电出版社微机排版中心
印　　刷	清淞永业（天津）印刷有限公司
规　　格	145mm×210mm　32开本　6.625印张　132千字
版　　次	2021年8月第1版　2022年11月第2次印刷
印　　数	2001—4000册
定　　价	**58.00元**

《水利工程防汛抢险实用手册》
编　委　会

主　　任：邹振宇

副 主 任：张立新

委　　员：周兆黎　武海峰

主　　编：王红旗

副 主 编：柳　杨　李　青

编　　者：朱　莉　林　波　叶植滔

　　　　　吴卉卉　冯靖雲　陈浩航

序

我国每年都会发生不同程度的洪涝灾害，洪水严重威胁水库、堤坝、涵闸等的安全。水利工程一旦失事，洪水肆虐的后果不堪设想。在水患没有根治之前，"严防死守"，采用科学的方法，最大限度化解险情就成为抗洪抢险的重中之重。

水利工程抢险具有很强的紧迫性、敏感性、专业性等特点，需要结合实际情况，在专业理论分析的基础上，认真分析研判险情类别，果断制定有针对性的抢险措施和方案，及时采取应对抢护措施。要提高防洪抢险应急能力，必须不断积累经验，不断加强学习，扎实学识，练就过硬本领。"平时多流汗，战时少流血"，在关键时刻才能豁得出来，危急关头能顶上去，才能扶大厦之将倾、挽狂澜于既倒。

华南农业大学水利与土木工程学院王红旗教授等编写的《水利工程防汛抢险实用手册》一书，介绍了防汛抢险的知识、方法，并对广东省近些年发生的水利工程重大抢险案例进行了归纳总结。该书内容丰富、案例生动、针对性和实用性强，是一本具有广东特色的防汛抢险指导书。

广东省经济发达，水利工程众多，台风暴雨多发易发，防汛抢险工作责任重于泰山，必须始终坚持"人民至上、生命至上"的理念，以更强的责任感，增强忧患意识、问题意识和科学意识，才能做好防汛抗洪和抢险救援各项工作，守护好人民群众的生命财产安全。因此，本书的真正价值远远不止一本参考书，而是通过书中实际发生的各种类型的水利工程重大抢险案例给人们以教育和警示，不断增强水利工程防洪抢险的风险意识，坚持建管重于防、防重于抢、抢重于救，做好"防大汛、抗大洪、抢大险、救大灾"的各项准备。衷心希望本书能为水利工程防洪抢险工作添砖加瓦、贡献力量。

广东省水利水电科学研究院名誉院长
首届广东省工程勘察设计大师

2021 年 7 月

前　言

　　广东省地处珠江下游，濒临南海，属亚热带季风气候，多年平均年降雨量为 1774mm。广东省境内水系发达、河网密集，各类水库、涵闸、堤防等水利工程众多。截至 2020 年 8 月，广东省建成堤防总长度为 2.89 万 km，已建水库 8413 座，水闸 8312 座，大大提高了广东省抵御洪涝灾害的能力，有力支撑了经济社会全面协调可持续发展。同时，由于广东省台风、暴雨极端天气多发频发，严重威胁水利工程安全，一旦发生险情，可能会产生不可估量的经济损失，甚至造成人员伤亡，防汛任务重、压力大。如何在重大险情发生时，采取科学的应急处置措施，及时遏制险情，确保水库不垮坝，大江大河不决堤，最大限度减少人员伤亡和财产损失，是摆在各级水利部门面前的一个重大现实课题。

　　贯彻落实党中央关于防汛的系列重要讲话、指示批示精神，做细做足做实预报、预警、预演、预案措施，要求不断提高应对洪涝灾害引发的突发事件的应急处置能力，扎实做好水利工程应急抢险的技术支撑工作，在水利工程遭遇险情时，迅速采取合理、有效的抢险措施，保障人民群众生命财产安全。鉴于此，迫切需要对广东省水利工程防汛抢险技术和经验进行归纳总结。

本书对水利工程防汛抢险知识、方法进行了系统的整理和总结，并结合作者在工作中参与抢险的实践经验，对广东省近些年发生的水利工程重大抢险案例进行梳理，从中选取了典型案例进行总结，回顾了险情发生的过程，分析了原因，介绍了抢险的主要经验和技术措施，形成了一套相对完整、实用的技术资料。

本书共分3篇。第1篇为基础篇，介绍了广东省防汛抢险工作需要具备的基础知识；第2篇为方法篇，介绍了防汛抢险的主要方法；第3篇为实战篇，介绍了近年广东省发生的典型水利工程抢险案例。参与本书编写工作的有朱莉（第1章、第2章）、叶植滔（第3章、第4章）、林波（第5章、第6章）、吴卉卉（第7章）、冯靖雲、陈浩航（第8章）、李青（第9章、第10章）、柳杨（第11章～第13章）、王红旗（第14章～第17章），全书由王红旗审稿和定稿。

本书在编写过程中得到了各级领导的大力支持，有关专家对本书进行了认真的审阅，并提出了许多宝贵的修改意见，在此一并表示衷心的感谢！

由于编者的水平有限，书中难免有疏漏之处，恳请读者不吝指正。

作者

2021 年 7 月于广州

目 录

第 1 篇

基础篇

第1章

广东省概况

1.1 位置和面积

广东省地处中国大陆最南部，陆地范围位于北纬 $20°09'\sim25°31'$、东经 $109°45'\sim117°20'$ 之间。自东至西依次与福建省、江西省、湖南省、广西壮族自治区接壤；毗邻香港特别行政区、澳门特别行政区；西南端隔琼州海峡与海南省相望。全省陆地面积为 17.98 万 km^2。大陆海岸线长为 4114.3km，居全国首位。有海岛 1963 个，总面积为 1513.2km^2，海岛岸线长为 2378.1km。

1.2 气候

广东省属于东亚季风区，从北向南分别为中亚热带、南亚热带和热带气候，是全国光、热和水资源较丰富的地区，且雨热同季，全省多年年平均气温为 21.8℃。

1.3 降雨

全省多年平均年降水量为 1774mm，折合年均降水总量 3188 亿 m^3。降水时程和地区分布不均，年内降水主要集中在 4—9 月，占全年降水量的 70%～85%；年际之间相差较大，全省最大年降水量是最小年降水量的 1.84 倍，个别地区甚至达到 3 倍。

3

1.4 水资源量

广东省多年平均水资源总量为 1830 亿 m^3，其中地表水资源量 1820 亿 m^3，地下水资源量 450 亿 m^3，地表水与地下水重复计算量 440 亿 m^3。除省内产水量外，还有来自珠江、韩江等上游从邻省入境水量 2361 亿 m^3。

广东省水资源时空分布不均，夏秋易洪涝，冬春常干旱。沿海台地和低丘陵区、粤北等石灰岩地区工程性缺水现象突出，尤以粤西的雷州半岛最为典型。

1.5 地貌

广东省地貌类型复杂多样，有山地、丘陵、台地和平原，其面积分别占全省土地总面积的 33.7%、24.9%、14.2% 和 21.7%。地势总体北高南低，北部多为山地和高丘陵，南部则为平原和台地。构成各类地貌的基岩岩石以花岗岩最为普遍，砂岩和变质岩也较多，粤西北还有较大片的石灰岩分布，此外，局部还有景色奇特的红色岩系地貌。沿海沿河地区多为第四系沉积层，是构成耕地资源的物质基础。

1.6 社会经济

广东省是一个人口稠密、经济繁荣的省份。截至 2020 年年底，省常住人口为 12601.25 万人，人口密度为 741 人/km^2，是我国常住人口第一大省；地区生产总值超过 11 万亿元，总量连续 32 年位居全国第一。同比增长 2.3%；其中，第一产业增加值为 4769.99 亿元，同比增长 3.8%；第二产业增加值为 43450.17 亿元，同比增长 1.8%；第三产业增加值为 62540.78 亿元，同比增长 2.5%。人均地区生产总值 8.82 万元。

1.7 自然灾害

广东省是我国自然灾害较为严重的地区之一，全国 44 种主要自然灾害中，广东省占 40 种，主要灾害有暴雨洪涝、风暴潮、台风、强对流天气、雷击、高温、干旱及低温阴雨、寒露风、寒潮和冰（霜）冻等低温灾害，灾种多，灾期长，发生频率高，灾害重。

广东省平均每年发生近 30 次比较严重的自然灾害中，气象灾害占 80% 以上。台风、暴雨、洪涝、干旱等自然灾害及其产生的次生灾害连年不断，造成严重的人员伤亡和财产损失。

河流水系

　　广东省河流众多，以珠江流域（西江、北江、东江和珠江三角洲诸河）及韩江、鉴江流域和粤东沿海、粤西沿海独流入海的诸河为主，集雨面积占全省面积的99.8%，其余属于长江流域的鄱阳湖和洞庭湖水系。集雨面积在 1000km² 以上河流有 62 条，全省流域面积在 200km² 以上的各级干支流共 260 条，50～200km² 的各级干支流共 781 条。独流入海河流 93 条，较大的有漠阳江、榕江、鉴江、九洲江等。

　　受持续强降雨、上游来水等影响，江河洪水流量大、水位高，影响范围广。大江大河一旦失事，造成洪水泛滥，将严重影响广东省经济发展、社会稳定和人民群众的生命财产安全。

2.1　珠江流域

　　珠江流域是由西江、北江、东江和珠江三角洲诸河组成的复合流域，流域面积为 453690km²，干流长为 2214km。珠江是我国第四大河流，其水量仅次于长江，居全国第二。广东省境内的珠江流域包括西江流域下游部分、北江流域、东江流域的绝大部分和整个珠江三角洲网河区，流域面积为 11.1 万 km²。西江、北江和东江分别在佛山市三水区思贤滘和东莞市石龙镇汇入珠江三角洲。

2.1.1 西江

西江是珠江流域内最大的水系，干流上游称南盘江，发源于云南省曲靖市沾益区马雄山，至贵州省蔗香汇北盘江后称红水河，到广西壮族自治区石龙镇汇柳江后称黔江，到桂平市汇郁江后称浔江，到梧州汇桂江后始称西江，流入广东省，至三水区思贤滘与北江相通并进入珠江三角洲网河区，主流于磨刀门水道珠海市企人石注入南海。西江干流至三水区思贤滘长为 2075km，流域面积为 353120km²，绝大部分在云南、贵州、广西等省（自治区）境内，广东省境内仅 17961km²。

1. 贺江

贺江位于西江左岸，发源于广西壮族自治区富川县蛮子岭，自西北向南流经贺州市八步区，在该区扶隆圩附近进入广东省，在广东省封开县江口街道注入西江。贺江干流全长为 352km，流域总面积为 11536km²；在广东省境内约为 104km，流域面积约为 3091km²，多年平均年径流量为 111.21 亿 m³。

2. 罗定江

罗定江又称南江，位于西江右岸，发源于信宜市高排岭，流经罗定、云浮、郁南等县（市），在郁南县南江口汇入西江，干流长为 201km，流域面积为 4493km²，多年平均年径流量为 34.82 亿 m³。

2.1.2 北江

北江是珠江流域第二大水系，为广东省境内面积最大的河流。北江发源于江西省信丰县石碣大茅坑，流入南雄市境后称为浈水，至韶关市曲江区与武水相汇后始称北江，南流经英德、清远、广州、佛山等地，沿途有南水、连江、翁江、潖江、滨江、绥江等支流汇入，至三水区思贤滘与西江干流相通，进入珠江三角洲网河区，主流由沙湾水道注入狮子洋，经虎门进南海。北江干流至三水思贤滘总长为468km，面积为46710km^2，绝大部分在广东省境内，集雨面积达42930km^2。

北江水系集雨面积超过1000km^{2}的一级支流有武江、南水、翁江、连江、潖江和绥江等6条。

1. 武江

武江又称武水，发源于湖南省临武县三峰岭，流经广东省乐昌、乳源、曲江等县（市），在韶关市与浈江区汇合。干流长为260km，流域面积为7079km^2，在广东省境内为152km，流域面积为3734km^2。

2. 南水

南水发源于乳源瑶族自治县的五指山安敦头，基本由西北向东南流，于韶关市曲江区孟州坝注入北江，河长104km，集雨面积仅为1489km^2。

3. 翁江

翁江是北江左岸最大的支流，发源于翁源县船肚东，纵贯整个翁源县，于英德市东岸咀汇入北江。干流长173km，集雨面积为4847km^2。

4. 连江

连江是北江的最大支流，位于北江右岸，发源于连州市星子镇磨面石，干流长275km，集雨面积为10061km^2，多年平均年径流量为119.83亿 m^3。

8

5. 滃江

滃江是北江下游左岸的一级支流，发源于佛冈县东天蜡烛，在清远市江口镇注入北江，河长 83km，集雨面积为 1386km^2。

6. 绥江

绥江是北江下游一级支流，发源于连山壮族瑶族自治县擒鸦岭，穿过怀集、广宁、四会等县（市），在四会市马房汇入北江，干流长 226km，集雨面积为 7184km^2，广东省境内集雨面积为 7173km^2。

2.1.3 东江

东江发源于江西省寻乌县桠髻钵山，上游称寻邬水，在龙亭附近流入广东省龙川县五合圩与安远水汇合后始称东江，向西南流经龙川、河源、惠州等县（市）至东莞市石龙镇进入珠江三角洲网河区。干流由东北向西南流向，石龙以上干流长为 520km（其中广东省境内 393km），流域总面积为 27050km^2（其中广东省境内 23540km^2）。东江有新丰江和西枝江 2 条支流。

1. 新丰江

新丰江是东江右岸最大的支流，发源于新丰县云髻山亚婆石，于河源市区旁汇入东江。干流长为 163km，集雨面积为 5813km^2。现建有新丰江水库，控制面积为 5730km^2，总库容为 139 亿 m^3，有效地调控了东江中、下游的洪、枯流量。

2. 西枝江

西枝江是东江第二大支流，发源于紫金县竹坳，向西南流至惠州市东新桥后汇入东江，集雨面积为

$4120km^2$，干流长为 $176km$。

2.1.4 珠江三角洲诸河

珠江三角洲由西江三角洲、北江三角洲、东江三角洲和珠江三角洲陆域组成。总面积为 $26820km^2$，其中珠江三角洲网河区面积为 $9750km^2$，其他诸河流域面积为 $17070km^2$。流域面积超过 $1000km^2$ 以上的河流有流溪河、潭江、增江、高明河和沙河5条。

1. 流溪河

流溪河发源于广州市从化区桂峰顶，向南流经从化区的吕田、良口、温泉、桃园、灌村、街口、江浦，花都区的北兴，白云区的竹料、人和、鸦岗等镇（街道）。在南岗口与白坭河汇合后至白鹅潭进入珠江三角洲，至南岗全长为 $171km$，流域总面积为 $2300km^2$。

2. 潭江

潭江发源于阳江市牛围岭山，自西向东流经恩平、开平、台山、鹤山、新会等地，在新会区环城镇附近折向南流，经银洲湖从崖门水道进入珠江三角洲，全长为 $248km$，集雨面积为 $6026km^2$。

3. 增江

增江发源于新丰县七星岭，上游称龙门河，过正果后始称增江，向东流经增城中心城区，最后在新家埔流入东江三角洲干流，全长为 $206km$，集雨面积为 $3160km^2$。

4. 高明河

高明河又名沧江河，发源于佛山市高明区西部老香山托盘顶（海拔 $484m$），自西北向东南流经高明区全境，为珠江三角洲西江干流水道的一级支流，全长 $82.4km$，总落差 446m，干流宽度为 70～120m。全流域面积为 1033.5km²。

5. 沙河

沙河是珠江水系东江三角洲的一条河流，由横河、响水河、湖镇河、福田河等支流汇合而成。沙河发源于广东省博罗县罗浮山北部的大小源坑，经横河流经湖镇、龙华、龙溪、长宁、九潭、石湾等地流入东江，全长 8km，流域面积 1181km²。

2.2 韩江流域

韩江流域是广东省仅次于珠江流域的第二大流域。韩江上游由梅江和汀江汇合而成，梅江为主流，发源于紫金县七星嶂。汀江发源于福建省宁化县大悲山东麓，梅江、汀江两江在河坝汇合后称韩江。此后流向折向南，至潮安进入韩江三角洲分为东溪、西溪、北溪，在汕头市从梅溪河、新津河、外砂河、莲阳河、东里河五条水道注入南海。韩江干流全长为 470km，流域面积（含三角洲网河区）为 30112km²，其中广东省境内为 17851km²，其余分属福建、江西两省。

2.3 粤东沿海诸河

粤东沿海诸河是指黄冈河及韩江流域以西、东江流域以南、大亚湾以东，在广东省大陆单独入海的各河流，流域面积为 1.53 万 km²，其中集雨面积大于 1000km² 的河流有黄冈河、榕江、练江、龙江、螺河及黄江等，以榕江最大，集雨面积为 4650km²。

2.3.1 黄冈河

黄冈河流域面积为 $1621km^2$。黄冈河发源于饶平县上饶镇大岽坪山麓，干流长为 88km，在饶平县碧洲村石龟头注入柘林湾，进入南海。

2.3.2 榕江

榕江发源于陆丰市凤凰山，自西向东流，在汕头市牛田洋注入南海，干流长为 185km，流域面积为 $4628km^2$，包括揭西、揭阳全境，普宁、潮阳、潮州、陆丰、丰顺等县（市、区）的一部分。榕江上游地势陡峻，降雨强度大，洪水汇流快。揭西县河婆街道以下，河谷逐渐开阔，比降较为平缓；揭西县钱坑镇以下，地势平坦，两岸堤围相接；到揭阳市三洲拦河坝以下，进入感潮区，河道更为平缓，两岸农田高程多在 3m 以下。榕江支流众多，交错汇入干流，集雨面积大于 $100km^2$ 的河流有 13 条。最大的支流是北河，干流长为 92km，集雨面积为 $1629km^2$。

2.3.3 练江

练江流域位于普宁及潮阳境内汕头市，干流发源于普宁市五峰山杨梅坪，自西流向东南，在潮阳区出海门湾注入南海，河长原为 99km，经多次裁弯整治，现干流全长 71km，流域面积为 $1353km^2$。

2.3.4 螺河

螺河发源于陆丰与紫金两地交界的三神凸山，在陆丰市碣石湾的烟港注入南海。流域跨陆丰、揭西、紫金和海丰 4 个县（市）。流域面积为 $1356km^2$，河长为 102km。

2.3.5 黄江

黄江发源于海丰县蜡烛山，从北向南流，于海丰县港口村分东溪和西溪两条河注入南海，流域面积为 1359km² ，其中 28km² 在陆丰市境内，其余均属海丰县。西溪是黄江的主流，出长沙港九龙湾进入南海。黄江干流长为 67km，上游以山地为主；由公平至虎山峡为中游，地势低洼；出虎山峡后为下游，属冲积平原区。流域内有西坑水、吊贡水和大液河等 3 条集雨面积大于 100km² 的支流。

2.3.6 龙江

龙江河发源于普宁市的南山凹，流经普宁市、陆丰市、惠来县，在惠来神泉港汇入雷岭水及盐岭水后出海。上游称龙潭河，流经陆丰市境在葵潭西部进入惠来县。从葵潭向东 4km 的磁窑附近有来自南阳山区的三条支流汇入，即南洋仔水、高埔水、崩坎水。磁窑以下始称龙江，河道流向东南。流域面积 1164km² ，河流长 82km。由于下游平原比降小，泥沙淤积，排水不畅，加上大南山山洪，故常发生洪涝灾害。

2.4 粤西沿海诸河

粤西沿海诸河主要指珠江三角洲以西至雷州半岛广东省大陆部分单独入海河流，流域面积为 3.2 万 km² 。这一地区东邻珠江三角洲，西邻广西南流江，北部有云开大山、云雾山与西江水系分界，南部毗邻南海，地势北高南低，诸河（除雷州半岛上的河流外）大体自北向南流注入南海。诸河多属山地暴流性小河，河流短促、独流入海，

13

集雨面积大于 $1000km^2$ 的有九洲江、鉴江、漠阳江、南渡河、遂溪河等。较大的有鉴江、漠阳江、九洲江，集雨面积分别为 $9464km^2$、$6091km^2$ 和 $3337km^2$。

2.4.1　九洲江

九洲江发源于广西壮族自治区陆川县大化顶，在廉江市北部石角镇流入广东省，至廉江市英罗港黎头沙入海，河长为 162km（广东省境内 89km），流域面积为 $3337km^2$，广东省境内集雨面积为 $2278km^2$。流域地势以低丘为主，中下游两岸为狭长的河谷平原，常受洪水威胁。

2.4.2　鉴江

鉴江是粤西沿海最大的河流，发源于信宜市虎豹坑，由北向南流经信宜、高州、化州、电白、吴川、茂名等县（市、区），由吴川市黄坡镇沙角旋注入南海。河长为 232km，流域面积为 $9464km^2$，其中 $745km^2$ 在广西境内，支流众多，从两岸交错汇入干流。

2.4.3　漠阳江

漠阳江发源于阳春市云雾山脉，干流经阳春市、阳江市，在阳江市北津港流入南海。干流长为 199km，流域面积为 $6091km^2$，主要分布在阳江市，并包括恩平、新兴、云浮的一部分面积。

2.4.4　南渡河

南渡河位于雷州半岛中部，发源于遂溪县坡仔，在雷州市双溪口注入雷州湾，流域面积为 $1444km^2$，干流长为88km，除 $40km^2$ 属遂溪县外，其余均在雷州市境内。

第 3 章

基础知识

3.1 洪水的定义

洪水是暴雨、急剧融冰化雪、台风等自然因素引起的江河、湖泊、海洋在较短时间内水量突然增大，造成水位上涨，淹没平时不上水区域的现象。

3.2 洪水的分类

洪水按成因和地理位置的不同，在广东常分为大江大河洪水、中小流域洪水、山洪、城市洪水、溃坝洪水、风暴潮洪水等。各类洪水的发生与发展都具有明显的季节性与地区性。

3.3 洪水的特性

我国的河流洪水绝大多数来自持续较长时间的暴雨，造成较大洪水的暴雨成因多为锋面、西南槽、热带低压及台风等。广东省地处亚热带，雨量丰沛，暴雨特性及地形地貌等自然条件的不同导致流域内的不同水系、干流与支流的洪水特性互有差异。4—7月为广东前汛期，8—9月为后汛期，大洪水主要发生在前汛期。局部的强降雨容易在广东的山区引发山洪，造成中小河流水位猛涨，常常冲毁堤围、房屋、道路、桥梁、淹没农田作物，还可能引起泥石流和山体滑坡等，不仅使农业生产造成严重损失，而且危害人、畜的生命安全，是一种特别严重的自然灾害。由于地理因素和气候因素不同，西江、北江、东江发洪时间和洪水历时也不同。珠江三角洲地区的洪水灾害受到河流和海流的相互作用，洪水遭遇情况比较复杂。

洪水的主要特征值有洪峰水位、洪峰流量、洪水历时、洪水总量、洪峰传播时间等。

3.4　洪水等级

按照《水文情报预报规范》（GB/T 22482—2008），洪水等级划分具体为小洪水、中洪水、大洪水和特大洪水。洪水要素重现期小于 5 年一遇的洪水为小洪水；洪水要素重现期为 5~20 年一遇的洪水为中洪水；洪水要素重现期为 20~50 年一遇的洪水为大洪水；洪水要素重现期大于 50 年一遇的洪水为特大洪水。洪水等级划分如图 1-3-1 所示。

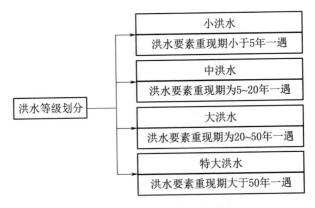

图 1-3-1　洪水等级划分

3.5 洪水预警信号

按照《水情预警信号》（SL 758—2018），水情预警信号分为洪水预警信号和干旱预警信号两类。洪水等级划分的指标根据洪水量级及其发展态势，以及可能造成的危害程度，采用与预警级别相应的水位（流量）或洪水重现期综合确定。

洪水预警信号的蓝色、黄色、橙色和红色四个预警等级，分别反映小洪水、中洪水、大洪水和特大洪水。

3.5.1 蓝色预警信号

判断标准为水位（流量）接近警戒水位（流量）或洪水要素重现期接近5年一遇。

3.5.2 黄色预警信号

判断标准为水位（流量）达到或超过警戒水位（流量），或洪水要素重现期达到或超过5年一遇。

3.5.3 橙色预警信号

判断标准为水位（流量）达到或超过保证水位（流量），或洪水要素重现期达到或超过20年一遇。

3.5.4 红色预警信号

判断标准为水位（流量）达到或超过历史最高水位（最大流量），或洪水要素重现期达到或超过50年一遇。

3.6 洪水预报

水情预报习惯称洪水预报。根据前期和现时已出现的降雨和气象等要素，对洪水的发生和变化作出预测。

预报项目包括洪峰水位（流量）出现时间、洪水涨落过程等。洪水预报分为过程预报和洪峰预报（水位、流量、时间）两种。

3.7 超标准洪水

超标准洪水是指超过现状防洪工程体系（包括水库、堤防、蓄滞洪区等在内）设防标准的设计洪水。

3.8 汛期

汛是指江河季节性涨水。汛期是指江河流域汛水开始至结束的期间。广东汛期一般为每年的 4 月中旬至 10 月中旬。广东省人民政府防汛防旱防风指挥机构根据雨情、水情，结合防汛工作实际确定并公布每年全省汛期起止日期。

3.9 暴雨

暴雨是指降水强度很大的雨，常在积雨云中形成。我国气象行业规定，每小时降雨量为 16mm 以上，或连续 12 小时降雨量为 30mm 以上、24 小时降水量为 50mm 或以上的雨统称为暴雨。按其降水强度大小又分为 3 个等级，即 24 小时降水量为 50～99.9mm 称为暴雨，降水量为 100～200mm 称为大暴雨；降水量为 200mm 以上称为特大暴雨。

广东省降雨特点是雨季长、雨量多、强度大、覆盖范围广、时空分布不均，多年平均年降雨量为 1774mm。从历年的统计看，广东省有三大暴雨中心：一是粤北山区南部边缘的丘陵地带，以清远—佛冈为中心；二是粤西云雾山、天露山南坡到珠江口一带沿海地区，多雨区沿阳江—阳春—恩平—上川—斗门成带状分布；三是粤东莲花山南麓的海陆丰一带。

3.10 台风

台风是指发生在西北太平洋和南海海域的强热带气旋（风速超过 32.6m/s）。在大西洋或北太平洋东部的强热带气旋称为飓风，也就是说，在中国、菲律宾、日本一带称为台风，在美国一带则称为飓风。台风是我国主要的灾害性天气之一。

西北太平洋和南海平均每年生成台风约 27 个，其中在我国登陆约 7 个，主要在我国华南和东南沿海登陆。台风具有季节性，一般发生在夏秋之间，主要发生在 7—9 月。台风一般经历 3 个阶段，即孕育发生阶段、发展成熟阶段和减弱消亡阶段。

根据《热带气旋等级》（GB/T 19201—2006）规定，热带气旋分为热带低压、热带风暴、强热带风暴、台风、强台风和超强台风 6 个等级。热带气旋底层中心附近最大风速达到 10.8～17.1m/s（风力 6～7 级）为热带低压；最大风速达到 17.2～24.4m/s（风力 8～9 级）为热带风暴；最大风速达到 24.5～32.6m/s（风力 10～11 级）为强热带风暴；最大风速达到 32.7～41.4m/s（风力 12～13 级）为台风，最大风速达到 41.5～50.9m/s（风力 14～15 级）为强台风；最大风速达到或超过 51.0m/s（风力 16 级或以上）为超强台风。

台风的破坏力主要由强风、暴雨、风暴潮 3 个主要因素引起。

热带风暴产生的强风风速一般在 17m/s 以上，甚至高达 60m/s 以上，对工农业生产、房屋建筑、航运交通、电力通信及公共设施等具有不同程度的影响及破坏。

台风常伴有暴雨、大暴雨，甚至特大暴雨，极易引发江河洪水、城乡积涝、山洪泥石流、滑坡，以及水库、山塘垮坝，基础设施水毁等灾害。

当台风移向陆地时，受强风影响，海水向海岸方向强力堆积形成风暴潮，潮位猛涨，可能使沿海水位上升数米。风暴潮若与天文大潮相遇，则产生更高潮位，将有可能导致潮水漫溢、海堤溃决、冲毁房屋和各类设施、淹没农田等，造成重大经济损失和人员伤亡。风暴潮还会造成海岸侵蚀、海水倒灌，导致土地盐渍化等灾害。

3.11 洪水风险图

洪水风险图是指直观反映某一地区遭遇洪水时可能淹没区域的专题地图，主要分为江河湖泊洪水风险图、城市洪水风险图、蓄滞洪区洪水风险图、水库洪水风险图等。

第 4 章

防洪工程

我国现有防洪减灾体系主要由工程措施和非工程措施两部分组成。防洪工程措施包括河道堤防、水库、水闸、蓄滞洪区、分洪工程、河道整治等工程措施，可以对洪水起到挡、泄、蓄等作用。防洪非工程措施一般包括洪水预报和预警系统、防汛应急预案、超标准洪水预案、洪水调度方案、洪水风险图、工程抢险方案、避险转移、防汛指挥系统以及有关防洪的法规、政策等。本章仅介绍堤防、水库、水闸 3 种主要的防洪工程措施。

4.1 堤防工程

4.1.1 堤防工程及其种类

堤防是世界上最早广为采用的一种重要防洪工程。筑堤是防御洪水泛滥，保护居民和工农业生产的主要措施。

堤防按其修筑的位置不同，可分为河堤、江堤、湖堤、海堤，以及水库、蓄滞洪区低洼地区的围堤等；堤防按其功能可分为干堤、支堤、子堤、遥堤、隔堤、行洪堤、防洪堤、围堤（圩垸）、防浪堤等；堤防按建筑材料可分为土堤、石堤、土石混合堤和浆砌石、混凝土防洪墙等。

广东省建成堤防总长度为 2.89 万 km，5 级及以上

堤防 2.21 万 km，其中已建成海堤总长度 4317km（达标
2497km）。保护耕地 11200hm²，保护人口 3700 万人，
其中保护万亩以上堤围 7000km。全省地级以上市城区
基本达到 100 年一遇防洪标准，县城基本达到 50 年一遇
防洪标准。广东省的堤防主要有：北江大堤、佛山大
堤、樵桑联围、中顺大围、江新联围、景丰联围、东莞
大堤、惠州大堤、韩江南北堤、汕头大围和梅州大堤。

北江大堤位于北江下游左岸，全长 64.346km，保
护广州、佛山、清远 3 市 14 个县（市、区），以及白云
国际机场、京广铁路、武广高铁等重要交通基础设施的
防洪安全。北江大堤是广东省最重要的堤防，也是广州
市的防洪屏障，其安危直接关系到保护区范围社会的安定
和经济的持续发展，在抗洪减灾中有着举足轻重的地位。

北江大堤属国家 1 级堤防，可防御北江 100 年一遇
洪水。通过飞来峡水利枢纽、潖江蓄滞洪区、芦苞涌和
西南涌分洪水道联合运用，广州市可以达到防御北江
300 年一遇洪水的标准。

4.1.2　江河特征水位

1. 警戒水位

警戒水位是河流、湖泊随着水位逐步升高，重要堤
防可能发生险情，需要加强防守的水位。对于游荡型河
道，由于河势摆动，在警戒水位以下也可能发生塌岸等
较大险情。

2. 保证水位

保证水位是汛期堤防工程及其附属建筑物必须保证
安全挡水的上限水位，又称防汛保证水位。当洪水达到

或低于该水位时，有关部门有责任保证堤防等工程安全。保证水位是制定保护对象度汛方案的重要依据，也是体现防洪标准的具体指标。

3. 分洪水位

分洪水位是当河道一侧设有蓄滞洪区或有分洪河道的地方，在其上游设置水位控制站，在汛期河道上游洪水来水量超过下游河段安全泄量时，必须向蓄滞洪区或分洪河道分泄部分洪水的水位。

4.1.3 堤防管理范围

依据《广东省水利工程管理条例》相关规定，堤防管理范围为工程区主要建筑物占地范围及其周边；西江、北江、东江、韩江干流的堤防和捍卫重要城镇或5万亩以上农田的其他江海堤防，从内、外坡堤脚算起每侧30～50m；捍卫1万～5万亩农田的堤防，从内、外坡堤脚算起每侧20～30m。

4.1.4 堤防常见的险情类型

（1）堤身抗剪强度低产生裂缝导致堤坡失稳、滑坡破坏。

（2）堤身集中渗漏形成塌坑、漏洞，堤基渗流失稳产生管涌、流土破坏。

（3）迎水坡水力冲、淘刷，岸坡崩塌破坏。

（4）危及堤防安全的裂缝：迎水、背水坡贯通并在外江水位以下的横向裂缝；切开堤顶有一定深度的竖直裂缝；迎水、背水坡上有开口并连通的水平裂缝。

（5）漫顶溃堤破坏。

4.2 水库工程

4.2.1 水库工程及种类

水库是在河道、山谷、低洼地的相对不透水层修建挡水坝或堤堰,形成蓄集水的人工湖。水库在洪水期间,统筹兼顾上下游水情,通过科学(或按设计功能自然)调度削峰、错峰拦蓄,为减轻下游防洪压力、实现洪水资源化发挥重要作用。

截至2020年8月,广东省已建水库8413座,总库容454.36亿 m^3,防洪库容88.9亿 m^3。其中大型水库38座,中型水库349座,小型水库8026座。

4.2.2 水库的分类

水库按其所在位置和形成条件,通常分为山区水库、丘陵区水库、平原水库等类型;按其功能分为防洪、供水、发电、灌溉及综合利用等水库。依据《水利水电工程等级划分及洪水标准》(SL 252—2017),水库按规模、效益及重要性划分为5个等别,见表1-4-1。

表1-4-1 水库的规模等级

库容规模	大(1)型	大(2)型	中型	小(1)型	小(2)型
相应工程等别	Ⅰ等	Ⅱ等	Ⅲ等	Ⅳ等	Ⅴ等
水库总库容/亿 m^3	≥10	<10,≥1	<1,≥0.1	<0.1,≥0.01	<0.01,≥0.001

4.2.3 水库的组成

水库一般由挡水建筑物(大坝由拦河主坝、副坝挡水形成水库）、泄洪建筑物（岸边溢洪道、溢流坝、泄洪隧洞）、输水建筑物（隧洞、管道、土坝下埋的涵管、坝下游渠涵）等三部分组成，这三部分通常称为水库的"三大件"。溢洪道是水库的主要泄洪通道。水库溢洪道不设闸门的采取自由溢流。水库溢洪道上建有闸门，应按照水库的调度运用需要控制溢洪流量。

4.2.4 水库主要建筑物型式

1. 挡水建筑物主要型式

挡水大坝按筑坝材料不同可分为碾压式土石坝、碾压式堆石坝、混凝土坝、浆砌石坝、橡胶坝等；按结构受力特点不同可分为重力坝、拱坝、闸坝等；碾压式土石坝可分为均质土坝、土质防渗体分区坝（黏土心墙坝、黏土斜墙坝）、非土质防渗体坝（混凝土心墙坝及混凝土、沥青斜墙坝）。一般坝高小于 70m 的中、低坝多为均质土坝；碾压式堆石坝按防渗体分为混凝土面板堆石坝、沥青面板堆石坝。

2. 泄水建筑物主要型式

泄水建筑物包括岸边溢洪道、坝体溢洪道、泄洪隧洞等，分别通过设于大坝岸边的泄槽或库内山体开挖的岸边泄槽、大坝中的溢流坝段及库内山体开挖隧洞向水库下游排泄洪水。

3. 输水建筑物主要型式

输水建筑物包括输水隧洞、管道、涵管、坝下游渠涵等，分别通过库内山体开挖隧洞、大坝或下游岸边埋设管道、土坝坝下埋的涵管、坝下游渠涵等，引水至下游供发电、供水、灌溉等。

4.2.5 水库水工建筑物常见的险情类型

1. 土坝

（1）坝身抗剪强度低，产生裂缝，造成坝坡失稳、滑坡破坏。

（2）上游护坡水力冲刷、沉陷变形造成崩塌、滑动破坏。

（3）坝身集中渗漏产生塌坑、漏洞，坝基渗流失稳产生管涌、流土破坏。

（4）洪水漫顶溃决，大坝失事。

2. 岩基混凝土、浆砌石重力坝

（1）由坝基工程地质因素引起的大坝溃决失事。

（2）坝体与坝基结合面抗剪强度低，坝踵开裂，扬压力增大，整体抗滑失稳，坝体底面向下游滑移，下游坡、坝趾处隆起破坏。

（3）坝体变形、应力失衡产生严重的贯穿性裂缝破坏事故。

3. 溢洪道

（1）岸边溢洪道险情。包括进口建筑物沉降变形，渗流失稳，泄槽、消力池陡槽及底板掀翻水力破坏，泄槽山体边坡塌滑堵塞。

（2）坝体溢洪道险情。包括闸墩结构应力超过设计允许值，产生严重贯穿裂缝，温度应力产生严重贯穿裂缝，多见于弧形闸门的闸墩。

（3）泄洪隧洞险情。包括进口建筑物破坏，出口消能防冲设施水力破坏，隧洞内塌方堵塞。

（4）其他外力破坏，如洪水冲刷、漂浮物影响、启闭设备机械故障、断电等。

4. 引水建筑物

土坝下埋涵管周边渗流失稳产生管涌、流土破坏。涵管断裂破坏，压力水外渗导致坝体裂缝、塌坑、漏洞，危及土坝安全。

4.2.6 水库特征水位

1. 死水位

水库在正常运用情况下，允许消落到的最低水位称为死水位，又称设计低水位。

2. 正常蓄水位

正常蓄水位是在正常运用情况下，水库为满足兴利要求时蓄到的高水位。它是确定水库规模、效益的调节方式，也是闸门关闭时允许长期维持的最高蓄水位。

3. 汛期限制水位

汛期限制水位简称汛限水位，是水库在汛期允许兴利蓄水的上限水位，一般也是水库在汛期防洪运用时的起调水位，是水库重要的特征水位之一。在汛期，水库不得擅自在汛期限制水位以上蓄水，其汛期限制水位以上的防洪库容的运用，必须服从有关防汛指挥机构的调度指挥和监督。防洪高水位与防洪限制水位之间的水库库容称为防洪库容。

4. 防洪高水位

水库遇到下游防护对象的设计标准洪水时，在坝前达到的最高水位，称为防洪高水位。只有当水库承担下游防洪任务时，才需确定防洪高水位。此水位可采用与下游防洪标准相应的各种典型洪水，按拟定的防洪调度方式，自防洪限制水位开始进行水库调洪计算求得。

5. 设计洪水位

设计洪水位是当水库遇到大坝的设计洪水时，在坝前达到的最高洪水位。它是水库在正常运用情况下，允许达到的最高水位，也是挡水建筑物稳定计算的主要依据。

6. 校核洪水位

校核洪水位是当水库遇到大坝的校核洪水时，在坝前达到的洪水位。它是水库在非常运用情况下，允许临时达到的最高洪水位，也是确定大坝顶高及进行大坝安全校核的主要依据。校核洪水位以下的全部静库容称为总库容。水库特征水位如图1-4-1所示。

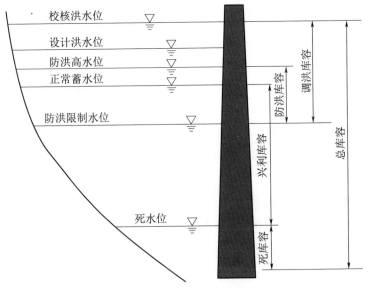

图1-4-1　水库特征水位示意图

4.2.7　水库大坝安全管理（抢险）应急预案

根据有关规定，我国大、中型水库和坝高超过15m的小型水库应编制水库大坝安全管理应急预案，其他水库参照执行。预案以确保人民群众生命财产安全为首要目标，体现行政首长负责制、统一指挥、统一调度、全力抢险、力保水库工程安全的原则。为避免或减少水库大坝发生突发事件可能造成生命和财产损失而预先制定的方案，是提高社会、公众及大坝运行管理单位应对突发事件能力、降低大坝风险的重要非工程措施，是风险管理的重要制度性文件。

应急预案的主要内容应该包括前言、水库大坝概况、突发事件分析、应急组织体系、预案运行机制、应急保障、宣传、培训、演练（习）、附录等。

4.3　水闸

4.3.1　水闸及其类型

水闸是一种低水头水工建筑物，兼有挡水和泄水的作用，用以调节水位、控制流量等。水闸按其所承担的主要任务可分为节制闸、进水闸、冲沙闸、分洪闸、挡潮闸、排水闸等；按闸室的结构型式可分为开敞式、胸墙式和涵洞式。

4.3.2　水闸的组成

水闸由闸室和上、下游连接段三部分组成。闸室是水闸的主体，起挡水和调节水流的作用，包括底板、闸墩、闸门、胸墙、工作桥和交通桥等。上游连接段由铺盖、护底、护坡及上游翼墙组成。铺盖主要作用是延长渗径长度以达到防渗目的，兼有防冲功能。下游连接段通常包括护坦（消力池）、海漫、下游防冲槽以及下游翼墙与护坡等。

4.3.3 水力设计

根据水闸运用方式和过闸水流形态，按水力学公式计算过流能力，确定闸孔总净宽度。结合闸下水位及河床地质条件，选定消能方式。水闸泄流多用水跃消能，通过水力计算，确定消能防冲设施的尺寸和布置型式。估算判断水闸投入运用后，由于闸上、下游河床可能发生冲淤变化，引起上、下游水位变动，从而对过水能力和消能防冲设施产生的不利影响。大型水闸的水力设计，应经水力模型试验验证。

4.3.4 水闸工作的特点

水闸是既挡水又泄水的水工建筑物。对于大多数建于河流中下游平原地区非岩石地基上的水闸，因闸基土壤中常夹有压缩性大、承载力低的软弱夹层，容易产生较大的沉陷或不均匀沉陷，轻则影响水闸的正常使用，重则危及水闸的安全。另外，一般水闸的水头低且变幅大，下泄水流弗劳德数低，消能不充分，特别是近年来，受河道采砂等因素影响，一些河道下切严重，导致消能工无法正常运行，严重影响工程安全。水闸的工作特点表现为以下 4 个方面：

（1）稳定方面。关门挡水时，水闸上、下游较大的水头差造成较大的水平推力，使水闸有可能沿基面产生向下游的滑动。为此，水闸必须具有足够的重力，以维持自身的稳定。

（2）防渗方面。由于上、下游水位差的作用，水将通过地基和两岸连接段向下游渗流。地基土在渗流作用下，容易产生渗透变形。严重时闸基和两岸的土壤会被淘空，危及水闸安全。渗流对闸室和两岸连接建筑物的稳定不利。因此，应妥善进行防渗设计。

（3）消能防冲方面。水闸开闸泄水时，在上、下游水位差的作用下，过闸水流往往具有较大的动能，流态也较复杂，而土质河床的抗冲能力较低，可能引起冲刷。此外，水闸下游常出现波状水跃和折冲水流，会进一步加剧对河床和两岸的淘刷。因此，设计水闸除应保证闸室具有足够的过水能力外，还必须采取有效的消能防冲措施，以防止河道产生有害的冲刷。

（4）沉降方面。在软基上建闸，由于软基的压缩性大，抗剪强度低，在闸室的重力和外部荷载作用下，可能产生较大的沉降，影响正常使用，尤其是不均匀沉降会导致水闸倾斜，甚至断裂。在水闸设计时，必须合理地选择闸型、构造，安排好施工程序，采取必要的地基处理等措施，以减少过大的地基沉降和不均匀沉降。

4.3.5　水闸水工建筑物的险情类型

水闸水工建筑物一般常见的险情类型有：软土地基闸室沉降变形、沙土地基闸室渗流失稳破坏，消能防冲设施水力冲刷、淘刷破坏、渗流扬压力增大、掀翻消力池底板破坏，地震沙土地基液化，地震软土地基震陷破坏。

4.4 不同材料坝型的险情特点

不同材料坝型的险情特点不同,按照筑坝材料与坝型的不同,可将坝分为用当地土、石料修建的土石坝,用浆砌石、混凝土修建的重力坝和拱坝。据水利部大坝安全管理中心普查资料统计,我国水库大坝发生溃决98%以上是土石坝,洪水漫顶和渗透破坏是我国水库溃坝的主要原因。水库大坝在给人类带来巨大经济效益和社会效益的同时也存在着溃坝的风险。

4.4.1 土石坝险情特点

土石坝是历史最为悠久、应用最为广泛的一种坝型。由于土石坝筑坝材料等因素造成土石坝有一系列的缺点,使土石坝在溃坝失事中占有极大的比例。

1. 土石坝渗漏

由于土石料具有渗透性,水库蓄水以后,在水压力作用下,水流会沿着坝身土料、坝基土体和坝端两岸地基中的孔隙渗向下游,造成坝身、坝基或绕坝的渗漏。土石坝渗漏,一般可区别为正常渗漏和异常渗漏。正常渗漏一般渗流量较小,水质清澈可见,不含土壤颗粒,对坝体或坝基不致造成渗透破坏;异常渗漏,则往往渗流量较大,比较集中,水质浑浊,透明度低,使坝体或坝基发生管涌、流土和接触冲刷等渗透破坏。许多土石坝发生严重事故,就是由于异常渗漏发展而引起的。坝的两岸山坡未能很好清基,接合山坡过陡,局部反坡未认真处理,或没有做防渗齿槽,基岩面未浇混凝土进行固结灌浆,坝体与山坡接合面处回填土夯压不实，甚至有松土堆积。涵管和闸墙等混凝土或浆砌石建筑物与土坝坝体接合处未做截水环、刺墙等止水措施，施工回填夯压质量差，会造成渗水通道。由于这方面原因形成接触渗漏，在高水位情况下容易发生安全事故。

2. 土石坝滑坡

土石坝由于其材料抗冲性能差，不允许坝顶溢流，必须保持溢洪道的畅通。要防止溢洪道边坡滑坡堵塞泄水通道。土石坝坝体为散粒体结构，局部范围剪应力大于允许剪应力时，出现裂缝会发生局部滑坡或坝体同地基一起滑动。水库在高水位时发生滑坡，有可能造成水库漫溢决口，造成严重灾害。此外，渗流产生的渗透力导致土体强度降低，遭遇水位骤降时容易造成坝体失稳。因此，必须高度重视滑坡现象的观察。

土石坝滑坡前都有一定的征兆出现，经分析归纳为以下4个方面：

（1）产生裂缝。当坝顶或坝坡出现平行于坝轴线的裂缝，且裂缝两端有向下弯曲延伸的趋势，裂缝两侧有相对错动，进一步挖坑检查发现裂缝两侧有明显擦痕，且在较深处向坝趾方向弯曲，则为剪切性滑坡的预兆。

（2）变形异常。在正常情况下，坝体的变形速度是随时间而递减的。而在滑坡前，坝体的变形速度却会出现不断加快的异常现象。具体出现上部垂直位移向下、下部垂直位移向上的情况，则可能发生剪切破坏型滑坡。滑坡前有坝顶明显下陷和坡脚隆起现象。若坝顶没有裂缝，但垂直位移和水平位移却不断增加，可能会发生塑流破坏型滑坡。

（3）孔隙水压力异常。土坝滑坡前，孔隙水压力往往会出现明显升高的现象。实测孔隙水压力高于设计值时，可能会发生滑坡。

（4）浸润线、渗流量与库水位的关系异常。一般情况下，随库水位的升高，浸润线升高，渗流量加大；反之，则属于异常情况。异常情况的出现可能会造成下游坝坡滑坡。

4.4.2　浆砌石或混凝土坝险情特点

（1）坝和地基的抗滑稳定性不够。混凝土与浆砌石重力坝，必须同时满足强度和稳定两方面的要求。一般中等高度以下的重力坝，其强度条件较易得到保证，而抗滑稳定要求，则往往成为大坝设计的控制条件。特别当坝基内存在软弱夹层时，坝和地基的抗滑稳定性不够，常常成为一种常见的最危险的现象。拱坝坝肩的抗滑稳定问题极其重要。坝肩岩体滑动的主要原因：一是岩体内存在着软弱结构面；二是荷载作用，特别是扬压力的作用。

（2）坝体裂缝和渗漏。对于拱坝，由于坝身尺寸较为单薄，加之作为超静定结构，对温度和地基的变形十分敏感，因此在各种荷载组合作用下，常于坝体内产生较大的拉、压应力。当应力超过材料的允许应力时，将在坝体内引起裂缝，并造成坝体渗漏，出现常见的坝体裂缝和渗漏现象。尤其是浆砌石拱坝，由于其砌体的抗拉强度较低，更易产生坝体裂缝和渗漏。对于重力坝，当施工质量较差时，在温度和地基不均匀沉陷变形的影响下，也可能出现不同程度的坝体裂缝和渗漏。

（3）坝基渗漏与绕坝渗漏。坝基往往存在不同程度的缺陷，其渗透性多不能满足设计要求，水库蓄水后常易产生坝基渗漏现象，通常均要求对坝基进行灌浆处理。由于山体岩石破碎或在大坝施工时山体出现过滑坡等，在坝体施工中处理不够，以及水库蓄水后产生绕坝渗漏现象，在水库运行期需进行处理。

4.4.3 大坝的安全分类

按照《水库大坝安全评价导则》（SL 258—2017），大坝安全状况分为三类，分类标准如下。

（1）一类坝：大坝现状防洪能力满足《防洪标准》（GB 50201—2014）和《水利水电工程等级划分及洪水标准》（SL 252—2017）的要求，无明显工程质量缺陷，各项复核计算结果均满足规范要求，安全监测等管理设施完善，管理规范，能按设计正常运行的大坝。

（2）二类坝：实际抗御洪水标准不低于部颁水利枢纽工程除险加固近期非常运用洪水标准，但达不到《防洪标准》（GB 50201—2014）的规定；大坝工作状态基本正常，在一定控制运用条件下能安全运行的大坝。

（3）三类坝：实际抗御洪水标准低于部颁水利枢纽工程除险加固近期非常运用洪水标准，或者工程存在较严重安全隐患，不能按设计正常运行的大坝。

4.4.4 溃坝方式

溃坝方式分为突然全部溃决和逐渐溃决两种。逐渐溃决又分为逐渐全部溃决和逐渐局部溃决。逐渐局部溃决又分为竖向局部溃决和横向局部溃决。

突然全部溃决（又称瞬时溃决），一般发生在重力坝或拱坝，其溃决时间很短。重力坝溃坝原因多以基础破坏为主，其溃口形状多呈矩形，为偏于危险假定，大坝按瞬时全部溃决考虑。拱坝破坏最初发生在岩基地质薄弱处，继而导致全部溃决。

逐渐溃决一般发生于土石坝，由管涌或漫顶而导致溃决，其中以坝顶漫溢较为常见。土石坝溃决破坏程度取决于漫顶位置和持续时间，溃口的位置大都发生在坝体中部，管涌破坏形成的最终溃口型式同坝顶漫溢的一样。土石坝溃口的发展历时主要取决于外泄的水流对筑坝材料的冲刷，与坝高、筑坝材料、材料的密实程度及漫顶泄流状况紧密相关。

4.5 水利工程等级划分及洪水标准

水利水电工程等别、水工建筑物级别及水利水电工程永久性水工建筑物的洪水标准应符合《水利水电工程等级划分及洪水标准》（SL 252—2017）的规定。

4.5.1 水利水电工程等别

水利水电工程等别应根据其工程规模、效益和在经济社会中的重要性，按表 1-4-2 确定。对综合利用的水利水电工程，当按各综合利用项目的分等指标确定的等别不同时，其工程等别应按其中最高等别确定。

表 1 - 4 - 2 　　　　水利水电工程分等指标

| 工程等别 | 工程规模 | 水库总库容/亿 m³ | 防洪 | | | 治涝 | 灌溉 | 供水 | | 发电 |
			保护人口/万人	保护农田面积/万亩	保护区当量经济规模/万人	治涝面积/万亩	灌溉面积/万亩	供水对象重要性	年引水量/亿 m³	发电装机容量/MW
I	大(1)型	≥10	≥150	≥500	≥300	≥200	≥150	特别重要	≥10	≥1200
II	大(2)型	<10,≥1.0	<150,≥50	<500,≥100	<300,≥100	<200,≥60	<150,≥50	重要	<10,≥3	<1200,≥300
III	中型	<1.0,≥0.1	<50,≥20	<100,≥30	<100,≥40	<60,≥15	<50,≥5	比较重要	<3,≥1	<300,≥50
IV	小(1)型	<0.1,≥0.01	<20,≥5	<30,≥5	<40,≥10	<15,≥3	<5,≥0.5	一般	<1,≥0.3	<50,≥10
V	小(2)型	<0.01,≥0.001	<5	<5	<10	<3	<0.5		<0.3	<10

注：1. 水库总库容指水库最高水位以下的静库容；治涝面积指设计治涝面积；灌溉面积指设计灌溉面积；年引水量指供水工程渠首设计年均引（取）水量。

2. 保护区当量经济规模指标仅限于城市保护区；防洪、供水中的多项指标满足 1 项即可。

3. 按供水对象的重要性确定工程等别时，该工程应为供水对象的主要水源。

4.5.2 水工建筑物级别

水利水电工程永久性水工建筑物的级别，应根据工程的等别或永久性水工建筑物的分级指标综合分析确定。

1. 水库永久性水工建筑物级别

水库永久性水工建筑物级别，应根据其所在工程的等别和永久性水工建筑物的重要性，按表1-4-3确定。

表1-4-3   永久性水工建筑物级别

工 程 等 别	主要建筑物级别	次要建筑物级别
I	1	3
II	2	3
III	3	4
IV	4	5
V	5	5

水库大坝按上述规定为2级、3级，如坝高超过表1-4-4规定的指标时，其级别可提高1级，但洪水标准可不提高。

表1-4-4   水库大坝等级指标

级 别	坝 型	坝 高/m
2	土石坝	90
	混凝土坝、浆砌石坝	130
3	土石坝	70
	混凝土坝、浆砌石坝	100

2. 拦河闸永久性水工建筑物级别

拦河闸永久性水工建筑物的级别，应根据其所属工程等别，按表1-4-3确定，规定为2级、3级，其校核洪水过闸流量分别大于$5000\text{m}^3/\text{s}$、$1000\text{m}^3/\text{s}$时，其建筑物级别可提高1级，但洪水标准可不提高。

3. 堤防永久性水工建筑物级别

防洪工程中堤防永久性水工建筑物的级别应根据其保

护对象的防洪标准，按表1－4－5确定。当经批准的流域、区域防洪规划另有规定时，应按其规定执行。

表1－4－5　　堤防永久性水工建筑物级别

防洪标准/[重现期（年）]	≥100	<100, ≥50	<50, ≥30	<30, ≥20	<20, ≥10
堤防级别	1	2	3	4	5

4.5.3 洪水标准

水利水电工程永久性水工建筑物的洪水标准，应按山区、丘陵区和平原、滨海区分别确定。

1. 水库工程永久性水工建筑物洪水标准

（1）山区、丘陵区水库工程永久性水工建筑物洪水标准应按表1－4－6确定。

表1－4－6　　山区、丘陵区水库工程永久性
水工建筑物洪水标准

项　　目		永久性水工建筑物级别				
		1	2	3	4	5
设计/[重现期（年）]		1000～500	500～100	100～50	50～30	30～20
校核洪水标准/[重现期（年）]	土石坝	可能最大洪水（PMF）或10000～5000	5000～2000	2000～1000	1000～300	300～200
	混凝土坝、浆砌石坝	5000～2000	2000～1000	1000～500	500～200	200～100

（2）平原、滨海区水库工程永久性水工建筑物洪水标准应按表1-4-7确定。

表1-4-7 平原、滨海区水库工程永久性水工建筑物洪水标准

项 目	永久性水工建筑级别				
	1	2	3	4	5
设计/[重现期（年）]	300~100	100~50	50~20	20~10	10
校核洪水标准/[重现期（年）]	2000~1000	1000~300	300~100	100~50	50~20

山区、丘陵区水库工程永久性泄水建筑物消能防冲设计的洪水标准，可低于泄水建筑物的洪水标准，根据永久性泄水建筑物的级别，按表1-4-8确定，并应考虑在低于消能防冲设计洪水标准时可能出现的不利情况。对超过消能防冲设计标准的洪水，允许消能防冲建筑物出现局部破坏，但必须不危及挡水建筑物及其他主要建筑物的安全，且易于修复，不致长期影响工程运行。

表1-4-8 山区、丘陵区水库工程消能防冲建筑物设计洪水标准

永久性泄水建筑物级别	1	2	3	4	5
设计洪水标准/[重现期（年）]	100	50	30	20	10

（3）平原、滨海区水库工程永久性泄水建筑物消能防冲设计洪水标准，应与相应级别泄水建筑物的洪水标准一致，按表1-4-7确定。

2. 拦河闸永久性水工建筑物洪水标准

拦河闸、挡潮闸挡水建筑物及其消能防冲建筑物设计洪（潮）水标准，应根据其建筑物级别，按表1-4-9确定。

表1-4-9　　　拦河闸、挡潮闸永久性水工
建筑物洪（潮）水标准

永久性水工建筑物级别		1	2	3	4	5
洪水标准/〔重现期(年)〕	设计	100～50	50～30	30～20	20～10	10
	校核	300～200	200～100	100～50	50～30	30～20
潮水标准/〔重现期(年)〕		≥100	100～50	50～30	30～20	20～10

注：对具有挡潮工况的永久性水工建筑物按表中潮水标准执行。

3. 堤防永久性水工建筑物洪水标准

防洪工程中堤防永久性水工建筑物的设计洪水标准，应根据其保护区内保护对象的防洪标准和经批准的流域、区域防洪规划综合研究确定，并应符合下列规定：

（1）保护区仅依靠堤防达到其防洪标准时，堤防永久性水工建筑物的洪水标准应根据保护区内防洪标准较高的保护对象的防洪标准确定。

（2）保护区依靠包括堤防在内的多项防洪工程组成的防洪体系达到其防洪标准时，堤防永久性水工建筑物的洪水标准应按经批准的流域、区域防洪规划中堤防所承担的防洪任务确定。

4.6 防汛工程防汛物资储备标准

随着国民经济的快速发展，社会对防洪安全的要求越来越高。防汛物资已成为保障防洪安全的基本条件，做好防汛物资储备工作是防汛抢险的重要内容。2004年4月，水利部颁布了《防汛物资储备定额编制规程》（SL 298—2004）和《防汛储备物资验收标准》（SL 297—2004），指导全国各级政府和流域机构的防汛部门编制适合本地区的防汛物资储备定额。防汛物资储备定额的编制本着"分级负责、满足急需"的原则。随着新技术、新材料、新设备的发展需要增加的物资品种，可根据实际需要进行储备。

各级防汛指挥机构应按防洪工程分级管理的有关规定，结合防洪工程的防御洪水方案，编制出能够满足本地区抗洪抢险应急需要的储备定额。各项防汛物资储备数量由储备基数和工程现状综合调整系数决定。

4.6.1 堤防

1. 储备品种

（1）抢险物料：袋类、土工布（包括编织布、土工膜等，下同）、砂石料、块石、铅丝、桩木、钢管（材）等。

（2）救生器材：救生衣（圈）。

（3）小型抢险机具：发电机组、便携式工作灯、投光灯、打桩机、电缆等。

2. 储备数量

堤防各项防汛物资储备数量由储备基数和工程现状

综合调整系数决定，其他防洪工程也是如此。每千米堤防防汛物资储备单项品种基数从表1-4-10中查取。堤防工程现状调整系数从表1-4-11中查取。

表1-4-10　每千米堤防防汛物资储备单项品种基数表

工程级别	抢险物料						救生器材		小型抢险机具				
	袋类/条	土工布/m²	砂石料/m³	块石/m³	铅丝/kg	桩木/m³	钢管材/kg	救生衣/件	发电机组/kW	便携式工作灯/只	投光灯/只	打桩机/台	电缆/m
1	4000	400	600	500	100	1	200	50	0.2	10	0.1	0.03	50
2	3000	300	400	400	80	1	200	40	0.2	10	0.1	0.03	50
3	2000	200	200	200	50	0.6	100	30	0.2	5	0.05	0.02	30
4	1500	150	50	50	20	0.3	—	20	0.1	2	0.05	—	20
5	1000	100	20	50	10	0.3	—	10	0.1	2	0.05	—	20

注：块石和砂石料的储备视堤防情况和抢险需要在总量范围内可以互相调整。

表1-4-11　堤防工程现状调整系数表

工程状况	堤身安全状况 $\eta_{河1}$			堤基地质条件 $\eta_{河2}$			小型穿堤建筑物 $\eta_{河3}$		堤身高度 $\eta_{河4}$		
	好	一般	差	好	一般	差	无	有	≤5m	5~8m	≥8m
调整系数 $\eta_{河i}$	0.5	1	1.5	0.5	1	1.8	1	1.2	0.9	1	1.1

4.6.2　水库大坝

1. 储备品种

（1）抢险物料：袋类、土工布、砂石料、块石、铅丝、桩木等。

（2）救生器材：救生衣（圈）、抢险救生舟等。

（3）小型抢险机具：发电机组、便携式工作灯、投光灯、电缆等。

（4）其他专用设备及配件视具体情况储备。

2. 储备数量

水库大坝的防汛物资储备量，主要取决于其安全程度以及坝高、坝长等因素。每座水库大坝防汛物资储备单项品种基数和水库大坝工程现状调整系数从表 1-4-12 和表 1-4-13 中查取。

表 1-4-12　每座水库大坝防汛物资储备单项品种基数表

工程规模	抢 险 物 料						救 生 器 材					
	袋类/条	土工布/m²	砂石料/m³	块石/m³	铅丝/kg	桩木/m³	救生衣/件	抢险冲锋舟/艘	发电机组/kW	便携式工作灯/只	投光灯/只	电缆/m
大(1)型	20000	8000	2200	2000	2000	4	200	2.5	40	40	2.5	650
大(2)型	15000	6000	1800	1500	1500	3	150	2	30	30	2	500
中型	9000	4000	1000	1000	1000	2	100	1.5	20	20	1.5	300
小(1)型	4500	2000	500	500	500	1	50	1	10	10	1	150
小(2)型	1500	800	200	150	200	0.5	20	—	5	5	1	50

注：块石和砂石料的储备视水库大坝工程情况和抢险需要在总量范围内可以互相调整。

表 1-4-13　　水库大坝工程现状调整系数表

工程状况	大坝安全状况 $\eta_{库1}$			坝长 $\eta_{库2}$			坝高 $\eta_{库3}$			
	一类	二类	三类	<100m	100～1000m	1000～2000m	<15m	30～15m	50～30	>50m
调整系数 $\eta_{库i}$	1	1.5	2.5	0.7	0.7～1	1.8	0.8	0.8～1.1	1.1～1.35	>1.35

注:大坝安全程度根据大坝安全鉴定成果或注册登记资料确定。

防汛责任制度

《中华人民共和国防洪法》和《中华人民共和国防汛条例》都明确规定:防汛抗洪工作实行各级人民政府行政首长负责制,统一指挥,分级分部门负责,各有关部门实行防汛岗位责任制。防汛是一项责任重大的工作,必须建立、健全各种防汛责任制度,实行正规化、规范化,做到各项工作有章可循,各司其职。防汛责任制度包括以下几方面。

5.1 行政首长负责制

《中华人民共和国防洪法》第三十八条规定,防汛抗洪工作实行各级人民政府行政首长负责制。行政首长负责制是各种防汛责任制的核心,是取得防汛抢险胜利的重要保证,也是防汛工作中最行之有效的措施。洪水到来时,工程一旦发生险情需要立即抗洪抢险,在一个地方自然会成为压倒性的大事,需要动员和调动各部门各方面的力量,党、政、军、民全力以赴,投入抗洪抢险救灾,同心协力共同完成。在紧急情况下,要当机立断做出牺牲局部、保存全局的重大决策。因此,防汛指挥机构需要各级政府的主要负责人亲自主持,全面领导和指挥防汛抢险工作,对本辖区内有管辖权的防汛抗洪事项负总责。

5.2 分级负责制

根据江河以及堤防和水库所处地区、工程等级、防洪标准和重要程度，确定省、市、县、乡（镇）分级管理运用、指挥调度的权限责任。在统一领导下实行分级管理、分级调度和分级负责。

5.3 分包责任制

为确保重点地区和主要防洪工程的汛期安全，各级政府行政首长和防汛机构领导成员实行包库、包堤责任制，责任到人，实行分包责任制。

5.4 岗位责任制

汛期时，各防汛工作岗位人员必须坚守岗位，履行岗位职责，遵守防汛各项制度，落实防汛各项措施，保持通信联络通畅。工程管理单位、管理人员以及防汛队伍人员要按照职务和职责分工实行岗位责任制，明确任务和要求，定岗定责，落实到人。工程技术人员必须努力完整地掌握本行业、本岗位的业务技术。在实行岗位责任制的同时要加强政治思想教育，调动职工的积极性，加强监督，严格遵守纪律。

5.5 技术责任制

在防汛抢险中，为充分发挥工程技术人员的专长，实现科学抢险、优化调度及提高防汛指挥的准确性和可靠性，凡是有关预报数值、评价工程抗洪能力、制定调度方案、采取抢险措施等有关技术问题，应由各专业技术人员负责，建立技术责任制。对关系重大的技术决策，要组织相当级别的技术人员进行咨询，博采众长，以防失误。县、乡（镇）的技术人员也要实行包堤段负责制，责任到人。

第 6 章

水利防汛应急响应启动标准

根据《广东省防汛防旱防风防冻应急预案》有关规定，结合广东省水旱灾害防御实际，制定水利防汛、水利抗旱应急响应分级标准。水利防汛应急响应级别共分为 4 个等级，从高到低依次为Ⅰ、Ⅱ、Ⅲ、Ⅳ级响应。

6.1 水利防汛Ⅰ级应急响应

预计发生以下情况之一的，启动Ⅰ级防汛应急响应：

（1）北江、西江、东江、韩江以及珠江三角洲地区等某一流域发生 100 年一遇及以上洪水，或西江、北江同时发生 50 年一遇及以上洪水。

（2）新丰江、西枝江、武江、浈江、连江、梅江、汀江、漠阳江、鉴江、榕江、九洲江、练江等两个及以上流域发生 100 年一遇及以上洪水。

（3）北江大堤、省十大堤围、顺德第一联围等堤围发生重大险情，极可能溃堤。

（4）大型水库及国家重点中型水库发生重大险情，极可能垮坝。

（5）预报主要潮位站风暴潮潮位超过 100 年一遇。

6.2 水利防汛Ⅱ级应急响应

预计发生以下情况之一的，启动Ⅱ级防汛应急响应：

（1）北江、西江、东江、韩江以及珠江三角洲地区等某一流域发生 50～100 年一遇洪水；或西江、北江同时发生 20～50 年一遇洪水；

（2）新丰江、西枝江、武江、浈江、连江、梅江、汀江、漠阳江、鉴江、榕江、九洲江、练江等某一流域发生 100 年一遇及以上洪水，或多个流域发生 50～100 年一遇洪水。

（3）保护地级以上城市或保护 5 万亩耕地以上堤围发生重大险情，极可能溃堤。

（4）中型水库及重点小（1）型水库发生重大险情，极可能垮坝。

（5）预报主要潮位站风暴潮潮位达到 50～100 年一遇。

6.3 水利防汛Ⅲ级应急响应

预计发生以下情况之一的，启动Ⅲ级防汛应急响应：

（1）北江、西江、东江、韩江、汀江、漠阳江、鉴江、榕江以及珠江三角洲地区等某一流域发生 20～50 年一遇洪水。

（2）新丰江、西枝江、罗定江、贺江、武江、浈江、连江、绥江、潭江、增江、梅江、九洲江、练江等某一流域发生 50～100 年一遇洪水，或多个流域发生 20～50 年一遇洪水。

（3）保护县级城市或保护 1 万亩以上耕地的堤围发生重大险情，极可能溃堤。

50

（4）小（1）型水库发生重大险情，极可能溃坝。

（5）预报主要潮位站风暴潮潮位达到 20～50 年一遇。

6.4 水利防汛Ⅳ级应急响应

预计发生以下情况之一的，启动Ⅳ级防汛应急响应：

（1）东江、西江、北江、韩江、汀江、漠阳江、鉴江、榕江以及珠江三角洲地区等流域发生 5～20 年一遇洪水。

（2）新丰江、西枝江、罗定江、贺江、武江、浈江、连江、绥江、潭江、增江、梅江、九洲江、练江等某一流域发生 20～50 年一遇洪水，或多个流域发生 10～20 年一遇洪水。

（3）保护中心城镇或防护范围达 5000 亩以上耕地堤围发生重大险情，极可能溃堤。

（4）小（2）型水库发生重大险情，极可能垮坝。

（5）预报主要潮位站风暴潮潮位达到 10～20 年一遇。

主要法律法规及技术规范

7.1 法律法规

（1）《中华人民共和国防洪法》。

（2）《中华人民共和国水法》。

（3）《中华人民共和国防汛条例》。

（4）《水库大坝安全管理条例》。

（5）《水库防洪抢险应急预案》。

（6）《中华人民共和国河道管理条例》。

（7）《广东省水利工程管理条例》。

（8）《广东省河道堤防管理条例》。

7.2 技术规范

（1）《防洪标准》（GB 50201—2014）。

（2）《水利水电工程设计洪水计算规范》（SL 44—2006）。

（3）《堤防工程设计规范》（GB 50286—2013）。

（4）《水闸设计规范》（SL 265—2016）。

（5）《混凝土重力坝设计规范》（SL 319—2018）。

（6）《土石坝养护修理规程》（SL 210—2015）。

（7）《混凝土坝养护修理规程》（SL 230—2015）。

（8）《堤防工程养护修理规程》（SL 595—2013）。

（9）《溢洪道设计规范》（SL 253—2018）。

（10）《水库大坝安全管理应急预案编制导则》（SL/Z 720—2015）。

（11）《水工钢闸门和启闭机安全运行规程》（SL/T 722—2020）。

第 2 篇

方法篇

第8章

防汛抢险原则、要点及方式

防汛指为防止或减轻洪水灾害，在汛期进行的防御洪水的工作。主要工作内容包括：堤防、闸、坝等防洪工程的巡查防守；暴雨天气和洪水水情预报；蓄洪、泄洪、分洪、滞洪等防洪设施的调度运用；出现非常情况时采取临时应急措施；发现险情后的紧急抢护和洪灾抢救等。

抢险是指在高水位期间或退水较快时，水工建筑物突然出现渗漏、滑坡、坍塌、裂缝、淘刷等险情时，为避免险情的扩大以致工程失事，所进行的紧急抢护工作。

防汛与抢险两项工作密不可分，相辅相成，只有在做好防汛工作的基础上，才能不出现或少出现险情，即使出现了险情，也能主动、有效地进行抢护，化险为夷。

8.1 防汛抢险的特点

（1）水库、堤、闸数量多，堤防战线长。由于量大、面广、线长，必须分工负责，落实各级行政首长负责制，加强对防汛工作的领导，确保工程安全。

（2）水库、堤、闸分布广，遭遇洪水概率大。

（3）水库大坝、堤防多为土、石材料建筑，多数在天然地基上，容易发生险情。土质堤坝的险情要比其他材料建筑的堤坝多，抢险任务大。

（4）小型水库和堤防安全风险高。据不完全统计，我国发生的水库溃坝事件中绝大多数是小型水库，占99.3%。近年来，由于加快病险水库除险加固建设和加强水库安全管理，溃坝事件和人员伤亡呈逐年减少态势，但日常管理较为薄弱。

8.2　防汛抢险的原则

（1）以人为本，减少危害。坚持"生命至上、人民至上"的理念，坚持以防为主，防抗救相结合，坚持常态减灾与非常态救灾相统一，从注重灾后救助向注重灾前预防转变，从应对单一灾种向综合减灾转变，从减少灾害损失向减轻灾害风险转变。把保障公众的生命和财产安全作为防汛抢险工作的首要任务，不断提高防御工作现代化水平，最大限度减少水旱灾害造成的危害和损失。

（2）底线思维，有备无患。凡事从坏处准备，努力争取最好的结果，做到有备无患、遇事不慌，牢牢把握防汛抢险主动权。加强巡查排除隐患，深入分析研究水利工程面临的各种风险和挑战，有针对性地做好各项应急准备，牢牢把握主动权。居安思危，常备不懈，完善工作机制，强化防御和应急处置的规范化、制度化和法制化，不断提高应急处置科学化水平，增强综合管理和应急处置能力。

（3）统一指挥，协同应对。实行各级政府行政首长负责制，建立健全属地管理为主、统一指挥、分级负责、分类管理、条块结合的防御体系。充分利用本行业内的应急资源，发挥市、县（区）水行政主管部门的职责，以及相关部门（单位）协同作用，建立健全防汛抢险应急联动机制，明确各自职责，形成统一指挥、功能齐全、反应灵敏、协调有序、运转高效的应急管理体制。

（4）依靠科技，快速反应。坚持依靠科技进步，全面提高防汛抢险应急处置工作水平，做到全面监测、准确预报、及早预警、快速响应、科学处置、有效应对。健全信息报告和信息共享机制，及时、准确、客观发布权威信息，正确引导社会舆论。充分发挥先进科技、专家队伍和专业人员的作用，提高应对突发事件的科学决策、技术支撑和保障能力。

8.3 防汛抢险的要点

1. 指挥决策要得力

防汛抢险工作实行各级政府行政首长负责制，统一指挥，分级分部门负责的原则。水利工程一旦在汛期出险，各级防汛指挥部门必须及时组织抢险，在抢险过程中，必须有坚强的领导，就地指挥。得力的指挥应表现在对险情科学的、实事求是的分析并采取正确的工程措施上，还应表现在人力、物资、后勤及对抢险人员的管理运用和信心支持上，后者是抢险胜利的基础。当水库发生超标准暴雨洪水、大面积滑坡、大坝裂缝、滑坡、管涌、渗漏、大面积散浸、集中渗流、决口、紧急泄洪时溢洪道启闭设备失灵、侧墙倒塌、底部严重冲刷、输水洞严重断裂或堵塞、上游溃坝或大体积漂移物的撞击事件等任一险情时，水库防汛行政责任人、部门监管责任人、水库管理单位安全责任人和技术责任人必须立即赶赴抗洪抢险一线，现场指挥，迅速组织抢险和下游群众人员转移。

2. 险情判断要准确

坚持"安全第一、常备不懈、以防为主、全力抢险"的方针。迅速全面了解雨情、水情、工情、险情，掌握险情发生的范围、程度、险点和难点，加强工程安全检查和动态监测，抢险指挥部要充分发挥专家的专业支撑作用，及时对险情做出准确判断，制定科学的抢护方案。

3. 抢护实施要迅速

及时发现，快速处理是抗洪抢险取胜的关键。水利工程设施因暴雨、洪水和台风发生险情时，工程设施管理单位应当立即采取抢护措施，并及时向其行业主管部门等有关单位报告；行业主管部门应当立即组织抢险，并将险情及抢险行动情况报告同级防汛防旱防风指挥机构。相关人员应该遵循"抢早、抢小、抢了"的原则，严格控制险情进一步发展。

发生重大险情时，所在地政府防汛防旱防风指挥机构应当立即调用抢险救援力量与物资投入抢险，根据实际需要可以请求上级防汛防旱防风指挥机构组织支援。情况紧急时，县级以上政府防汛防旱防风指挥机构可以按照有关规定，请求当地驻军和人民武装部抢险救援。

4. 供应物料要充足

抢险需要的物料种类多，数量大，直接影响着抢险工作的进展，需要按照《防汛物资储备定额编制规程》（SL 298—2004）做充足的准备，以便防汛抢险时及时调用，做到万无一失。

5. 转移避险要及时

当出现堤防决口、水闸垮塌，水库溃坝危险时，应当采取一切措施向预计的淹没地区发出警报，各级政府视情况提前转移群众，做好转移安置工作。

8.4 防汛抢险的方式

（1）防：就是坚持以防为主，防抗救相结合。思想上要克服麻痹思想和侥幸心理，树立防大汛、抗大洪、抢大险、救大灾的底线思维。强化巡查防守，针对历史险工段、穿堤建筑物、崩岸段等防守重点段加密巡查，确保第一时间发现险情和处置险情。

（2）备：就是针对可能发生的各种险情做充分的准备，不打无准备之仗。汛前要做好预案准备、队伍准备、物资准备、蓄滞洪区运用准备等各项准备工作。"宁可备而不用，不可用而不备"。要有充分的物质准备，汛前备足必要的物料，可按险工情况和可能出现的问题及既往经验进行备料，并有一定的冗余。汛期风大浪急，尤其是夜晚抢险，一定要准备好通信联络工具、交通工具和可靠的照明设备等。

（3）责：就是指应尽的义务，失职追责。组织上要建立严格的防汛责任制，落实水库行政责任人、技术责任人和巡查责任人，严明防汛纪律。

（4）降：就是降低水位，腾空库容。险情发生后，应迅速采取上游水库联合调度，减少来水。打开泄洪通道，或泵排水，在确保安全的前提下，通过降低溢洪道底高程、开挖非常溢洪道、泵排水等应急措施降低库水位，减轻险情压力和抢险难度。

（5）挡：就是指采取措施抵挡、阻拦洪水。用沙袋、挡水板等材料，加高坝体（堤防）进行挡水，防止洪水漫溢。

（6）堵：就是堵塞漏洞、决口，迅速抢救险情。在洪水期要注意漏洞的发现和发展趋势，做到有洞就堵。堤防一旦发生溃决，应视情况尽快实施封堵，采取措施拦截和封堵水流，以减少和消除溃堤漫流形成的危害。

（7）截：就是截断渗水的通道。防汛抢险时的"前截后导，临重于背"，是防汛抢险中堤坝抢险的常用技术措施。"前截后导"，即在堤坝的临水坡面采取铺设土工膜、抛黏土、堆土袋等方法截渗，在堤坝的背水坡面采取开挖导渗沟、铺设反滤料、设置反滤层、填筑透水压浸台等方法将渗水导排出堤坝体。

（8）排：就是设置反滤，排水减压。土石等材料修筑的堤坝或透水地基上，出现管涌、流土等险情时，切忌使用不透水材料强行硬塞，以免截断排水通路，造成渗透坡降加大，使险情恶化。需设置反滤层进行排水，使水通过，而土颗粒被阻止。反滤层是由 2～4 层颗粒大小不同的砂、碎石或卵石等材料做成的，顺着水流的方向颗粒逐渐增大，任一层的颗粒都不允许穿过相邻较粗一层的孔隙。也可应用土工合成材料进行排水。

（9）泄：就是保证水库和河道安全泄洪。必要时，开挖足够断面的溢洪道，加大过流输水能力。通过对河道的清淤、清障、疏浚、局部拓宽，打通河道瓶颈节点，提高河道过流能力。

（10）撤：就是在险情发生时组织群众撤离撤退。制定人员转移预案，细化水库下游危险区域预警和人员转移避险措施，以确保紧急状态时迅速安全转移受威胁群众，确保人民群众生命财产安全，最大限度地减轻灾害带来的损失。

第9章

防汛准备

防汛抢险首先立足于防，每年汛期到来之前，必须按照可能出现的情况，充分做好各项防汛准备。汛前准备工作主要有以下几个方面。

9.1 思想准备

防汛抢险工作是长期的任务，要年年抓。防汛的思想准备是各项准备工作的首位。利用网络、广播、电视、报纸等多种方式，深入宣传贯彻党中央"两个坚持、三个转变"的防灾减灾救灾新理念，使广大干部和群众，克服麻痹思想和侥幸心理，增强"防大汛、抗大洪、抢大险，救大灾"抗洪减灾意识。要充分认识到防汛工作必须坚持"以防为主，防重于抢"的方针，要"宁可信其有，不可信其无"，同时加强法制宣传，增强人们的法制观念，以《中华人民共和国水法》《中华人民共和国防洪法》为准绳，抵制一切有碍防汛工作的不良行为。

9.2 组织准备

落实行政首长负责制为核心的各项防汛责任制。健全防汛抢险的领导机构、组织好防汛抢险队伍、做好抢险队伍的技术培训工作等内容。各级水行政主管部门是防汛抢险的技术支撑单位，每年汛前要健全、完善水旱灾害防御指挥机构，加强值班值守，及时更新防汛责任人信息。组织开展水利防汛安全检查、会商研判、应急督导等工作。

9.3 技术准备

技术准备是指险情调查资料的分析整理和与工程有关的地形、地质、水情、设计图纸的搜集等。主要包括以下方面：

（1）险情调查。此项工作应在汛前进行。首先是搜集历年险情资料，进行归纳整理；其次是掌握上一年度及往年对险工险段的整治情况。根据上述资料，对重大险工险情进行初步判断。

（2）收集技术资料。汛前应收集工程的设计资料及相关建筑物的设计图纸，绘制工程的纵剖面图，标注出工程地质特征、高程、坡比、历年最高水位线等。配备工程辖区的 1∶50000 地形图和 1∶5000～1∶10000 工程带状地形图及卫星遥感图、无人机影像地图。

（3）工程汛期巡查。汛前对工程应进行全面检查，汛期更要加强巡堤查险工作。检查的重点是险情调查资料中所反映出来的险工险段。巡查要做到两个结合，即"徒步拉网式"的工程普查与对险工险段、水毁工程修复情况的重点巡查相结合；定时检查与不定时巡查相结合。同时做到"三加强三统一"，即加强责任心，统一领导，任务落实到人；加强技术指导，统一填写检查记录的格式，如记述出现险情的时间、地点、类别，绘制草图，同时记录水位和天气情况等有关资料，必要时应进行测图、摄影和录像，甚至立即采取应急措施，并同时报上一级防汛指挥部；加强抢险意识，做到眼勤、手勤、耳勤、脚勤和发现险情快、抢护处理快、险情报告快，统一巡查范围、内容和报警方法。巡查范围包括工程管理范围 200m 以内水塘、洼地、房屋、水井以及与工程相接的各种交叉建筑物。检查的内容包括裂缝、滑坡、跌窝、洞穴、渗水、塌岸、管涌（泡泉）、漏洞等。

9.4 抢险物资准备与供应

防汛物资是防汛抢险的重要物质条件，须在汛前按照防汛物资储备定额相关要求、江河和各类防洪工程防汛抢险特性，以及防汛抢险工作的应急需要进行储备，以满足抢险的需要。汛期发生险情时，应根据险情的性质尽快从储备的防汛物资中选用合适的抢险物资进行抢护。如果物资供应及时，抢险使用得当，会取得事半功倍的效果，化险为夷。否则，将贻误战机，造成抢险被动。由于防汛物资使用量大，品种繁多，可实行国家、社会团体储备与群众筹集相结合的办法。

各级防汛物资按储备定额进行储备，用后应及时补充。主要储备砂石料（沙料、石子、块石）、钢筋（丝）笼、铅丝、袋（编织袋、麻袋）、土工合成材料（编织布、无纺布、复合土工膜及相应的软体排）、篷布、麻绳、救生器材（冲锋舟、橡皮船、救生衣、救生圈）、发电机组、电动（液压）水泵、潜水装备、通信装备等。

9.5 通信联络的准备

汛前要检查维修各种防汛通信设施，包括有线、无线设施，对值班人员应组织培训，建立话务值班制度，保证汛期通信畅通。与电信部门通报防汛情况，建立联系制度，约定紧急防汛通话的呼号。配备必要的卫星通信设备。蓄滞洪区应按照预报时限、转移方案和安全建设情况，布置配备通信报警系统。

9.6 宣传教育的培训

每年汛前加强领导干部和防汛抢险队的骨干人员进行防汛专题培训，以提高防汛抢险的领导水平和专业技术水平。

9.7 防汛措施方案的研究制订

编制防汛抢险应急预案和人员转移预案，制定超标准洪水应对方案。还应根据制定的方案和防洪系统中的各项防洪工程的设计和工程现状，编制各防洪工程的汛期调度运用计划。

第 10 章

险情判断

10.1　险情的分类与安全评估

正确判别工程险情，才能进行科学、有效的抢护，取得抢险的成功。在防汛抢险中，对于险情处理所采取的措施，应科学准确、恰如其分。险情重大，如果没有给予充分的重视，可能会贻误战机，造成险情恶化；反之，如果对小的险情投入了大量的人力、物力，等到发生较大或严重险情时，就可能人困马乏、物料短缺，也会酿成严重后果。因此有必要对险情大小进行判别，对工程进行安全评估，区别险情的轻重缓急，以便采取适当有效的措施进行抢护。

10.2　常见工程险情的判别

10.2.1　管涌险情的判别

管涌险情的严重程度一般可以从以下几个方面加以判别，即管涌口离堤脚的距离、涌水浑浊度及带沙情况、管涌口直径、涌水量、洞口扩展情况、涌水水头等。由于抢险的特殊性，目前基本靠有关人员的经验来判断。具体操作时，管涌险情的危害程度可从以下几方面分析判别：

（1）管涌一般发生在背水堤脚附近地面或较远的坑塘洼地。距堤脚越近，其危害性就越大。一般以距堤脚

15 倍水位差范围内的管涌最危险，在此范围以外的次之。

（2）有的管涌点距堤脚虽远一点，但是管涌不断发展，即管涌口径不断扩大，管涌流量不断增大，带出的沙越来越粗，数量不断增大，这也属于重大险情，需要及时抢护。

（3）有的管涌发生在农田或洼地中，多是管涌群，管涌口内有沙粒跳动，似"煮稀饭"，涌出的水多为清水，险情稳定，可加强观测，暂不处理。

（4）管涌发生在坑塘中，水面会出现翻花鼓泡，水中带沙、色浑，有的由于水较深，水面只看到冒泡，可潜水探摸，观察是否有凉水涌出或在洞口是否形成沙环。

（5）堤背水侧地面隆起（牛皮包、软包）、膨胀、浮动和断裂等现象也是产生管涌的前兆，只是此种情况下水的压力不足以顶穿上覆土层。随着水位的上涨，有可能顶穿，因而对这种险情要高度重视并及时进行处理。

中国水利水电科学研究院提出了管涌土的临界坡降 i_{cr} 为

$$i_{cr} = \frac{2.2(G_s - 1)(1 - n)^2 d_5}{d_{20}} \qquad (2-10-1)$$

式中：d_5、d_{20} 分别为小于该粒径的土粒含量为 5% 和 20% 时的粒径；G_s 为土粒相对密度；n 为土壤孔隙率。

当实际坡降超过式（2-10-1）求出的临界坡降时，即可能发生管涌。

10.2.2 堤防滑坡险情的判断

汛期堤防出现下列情况时，必须引起注意。

1. 堤顶与堤坡出现纵向裂缝

汛期一旦发现堤顶或堤坡出现了与堤轴线平行而较长的纵向裂缝时，必须引起高度警惕，仔细观察，并做必要的测试，如缝长、缝宽、缝深、缝的走向以及缝隙两侧的高差等，必要时要连续数日进行测试并做详细记录。

出现下列情况时，发生滑坡的可能性很大：①裂缝左右两侧出现明显的高差，其中位于离堤中心远的一侧低，而靠近堤中心的一侧高；②裂缝开度继续增大；③裂缝的尾部走向出现了明显的向下弯曲的趋势；④从发现第一条裂缝起，在几天之内与该裂缝平行的方向相继出现数道裂缝；⑤发现裂缝两侧土体明显湿润，甚至发现裂缝中渗水。

2. 堤脚处地面变形异常

滑坡发生之前，滑动体沿着滑动面已经产生移动，在滑动体的出口处，滑动体与非滑动体相对变形突然增大，使出口处地面变形出现异常。一般情况下，滑坡前出口处地面变形异常情况难以发现。因此，特别在汛期，遭遇大的洪水时，在重要堤防及险工险段，应临时布设一些观测点并加强观测，以便随时了解堤防坡脚或离坡脚一定距离范围内地面变形情况。

如堤脚下某一范围隆起或明显潮湿，变软发泡，应警惕可能会发生滑坡。应加强观测或通过在堤脚或离堤脚一定距离处打一排或两排木桩，测这些木桩的高程或水平位移来判断堤脚处隆起和水平位移量。

3. 临水坡堤脚崩岸

汛期或退水期时，堤防前滩地在河水的冲刷、涨落作用下，常常发生崩岸。当崩岸逼近堤脚时，堤脚的坡度变陡，压重减小。这种情况一旦出现，极易引起滑坡。

4. 临水坡坡面防护设施破坏

汛期洪水位较高，风浪大，对临水坡坡面冲击较大。一旦某一坡面处的防护被毁，风浪直接冲刷堤身，使堤身土体流失，发展到一定程度也会引起局部的滑坡。

10.3　工程险情程度的评估

工程在汛前要进行安全评估，其目的是把汛前的险情调查、汛期的巡查与安全评估相结合，以便判断出险情的严重程度，使领导和参加抗洪抢险的人员做到心中有数，同时便于按险情的严重程度，区别轻重缓急，安排除险加固等相关工作。

将安全评估的资料与险情调查、汛期巡查的资料归纳分析后，确定险情的严重程度。为便于险情程度划分并促进其划分的规范化，给出工程险情程度划分的参考意见。各类险情划分为重大险情、较大险情和一般险情三种情况。重大险情的发生必须立即报告，及时采取措施，迅速启动抢险预案并尽快采取转移下游群众和降低库水位等应急措施。成立抢险专门组织（如成立抢险指挥部），分析判断险情和出险原因，研究抢险方案，筹集人力、物料，立即全力以赴投入抢护。一旦发现险情，就应将险情消除在萌芽阶段。下列情况可直接判断为重大险情。

（1）水库大坝工程：堤坝大面积滑坡；大坝坝体出现裂缝，造成渗水漏水严重并出现浑水；堤坝涵管爆裂并导致局部坍塌；溢洪道边坡失稳，阻塞溢洪道；水库水位接近校核洪水位并可能漫坝；大坝渗流异常且坝体出现流土、漏洞或管涌；闸门主要承重件出现裂缝、门体止水装置老化或损坏渗漏超出规范要求，闸门在启闭过程中出现异常振动或卡阻，或卷扬式启闭机钢丝绳达到报废标准未报废；坝下建筑物与坝体连接部位有失稳征兆。

（2）堤防工程：堤防渗流坡降和覆盖层盖重不满足标准的要求，或工程已出现管涌、漏洞严重渗流异常现象的；脱坡；堤防决口等。

（3）水闸工程：水闸过水能力不满足设计要求；闸室底板、上下游连接段止水系统破坏；水闸消能工破坏。

10.4 抢护方案的制订

10.4.1 险情鉴别与出险原因分析

正确的险情鉴别及原因分析是进行抢险的基础。只有对险情有正确的认识，才能有针对性地选用抢险方法。因此，要根据险情特征判定险情类别和严重程度，准确地判断出险的原因。对于具体出险原因，必须进行现场查勘，综合各方面的情况，认真研究分析，做出准确的判断。

10.4.2 预估险情发展趋势

险情的发展往往是有一个从无到有、从小到大、逐步发展的过程。在制订抢险方案前，必须对险情的发生有一个准确的认识、对其发展有一个准确的预估，才能使抢险方案有实施的基础。例如，对出现在离堤脚15倍水头差范围以内的管涌，就应该引起特别的注意。如果险情发展速度不快，或者危害不大，如有的渗水、风浪险情等，可采取稳妥的抢护措施；如果险情发展很快，不允许稍有延缓，则应根据现有条件，快速制订方案，尽快进行抢护，与此同时，还应从最坏的情况出发，制定备选方案。

10.4.3 制定抢护方案

制定抢护方案，要依据上述判定的险情类别和出险原因、险情发展速度以及险情所在堤段的地形地质特点，现有的与可能调集到的人力、物力以及抢险人员的技术水平等，因地制宜地选择一种或几种抢护措施。在具体拟定抢护方案时，要积极慎重，既要树立信心，又要有科学的态度。

10.4.4 制定实施办法

抢护方案拟定以后，需要制定具体的实施办法，包括指挥人员、技术人员、技工、民工等各类人员的具体分工，工具、物料供应，照明、交通、通信及生活的保障等。应特别注意以下几点：

（1）人力必须足够。要考虑到抢险施工人数、运料人数、换班人数及机动人数。

（2）物料必须充足。应根据制定的抢护方案进行计算或估算，要比实际需要数量多出一些备用量，以备急需。

（3）要有严格的组织管理制度。在人、料具备的条件下，严密的组织管理往往是抢险成功的关键。

（4）抢险必须连续作战，不能间断。

（5）抢险过程中必须注意安全，防止次生灾害和衍生灾害。

10.4.5　守护监视

险情经过抢护稳定以后，应安排专人值守看护，密切注意险情的发展变化，防范险情的再次发生。由于抢险措施通常是临时性措施，可靠性往往不高；另外，抢险的同时，要警防新的险情的发生。因此，应继续加强巡查监视，并及时做好抢护新险的准备。

第11章

堤防工程防汛抢险

11.1 巡堤查险

11.1.1 巡堤查险准备

1. 堤防常见险情

根据《堤防工程养护修理规程》（SL 595—2013），堤防险情一般可分为渗水、管涌（流土）、漏洞、风浪冲刷、裂缝抢修、跌窝（陷坑）、穿堤建筑物接触冲刷、漫溢、坍塌、滑坡。堤防常见险情及示意图见表2-11-1。

表2-11-1 堤防常见险情及示意图

堤防常见险情	堤防险情示意图
岸坡坍塌：在水流冲刷或水位骤降情况下，堤防临水侧土体崩落的现象	
管涌：汛期高水位时，土中细颗粒在渗流力作用下被水流不断带走，形成管状渗流通道的现象。表象为堤后有冒沙或土块隆起	

堤防常见险情	堤防险情示意图
堤坝背水坡渗水：高水位时堤内浸润线抬高，堤后浸润线出逸点高出地面，引起堤后坡土体湿润或发软，有水溢出的现象	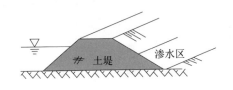
堤身漏洞：漏洞即集中渗流通道。高水位下，堤防背水坡或堤脚附近出现横贯堤身或堤基的渗流孔洞	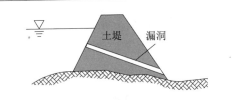
洪水漫顶：当遇到超标准洪水时，洪水漫过堤顶的现象。土堤不允许洪水漫顶过水	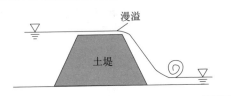
堤身滑坡：滑坡也称脱坡，是由于边坡失稳下滑造成的险情。堤身局部滑动称为浅层滑动；堤身与堤基同时滑动称为深层滑动	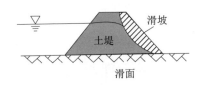
跌窝：俗称陷坑、塌坑。一般大雨过后或持续高水位情况下，堤防突然发生局部塌陷的现象	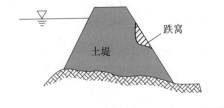

堤 防 常 见 险 情	堤 防 险 情 示 意 图
裂缝：按照位置可分为表层裂缝和深层裂缝；按照走向可分为横向裂缝和纵向裂缝	
接触冲刷：发生在穿堤建筑物与土体结合部位，形成集中渗流通道，造成堤身破坏	
决口：堤岸被水冲开口子，挡不住上游的水。堤垮了就叫决堤	

2. 巡堤查险设备

常用巡堤查险设备包括：手提灯或手电筒、斧子或镰刀、绳子、救生衣、救生圈、摸水杆、铁锹、棉衣被、雨具、麻袋或编织袋等。

11.1.2 巡堤查险方法

巡堤查险要根据水位按责任堤段分组次，采用昼夜轮流的方式查险，遇较大洪水或特殊情况，要加派巡查人员、加密巡查频次，必要时应 24 小时不间断、拉网式巡查。

（1）巡查人员每组一般为 5～7 人。出发巡查时，应按迎水坡水面线、堤顶、背水坡、堤腰、堤脚成横排分布前进，严禁出现空白点。根据经验，要注意"六查""五时"，做好"五到"，掌握好"三清""三快"。

"六查"是：①查堤顶；②查堤临水坡；③查堤背水坡；④查堤脚；⑤查堤脚平台及平台外一定范围；⑥查过相邻责任段 10～20m。

"五时"是：①黎明时，此时查险人员困乏，精力不集中；②吃饭换班时，交接制度不严格，巡查易间断；③天黑时，巡查人员看不清，且注意力集中在行走道路上，险情难于发现；④刮风下雨时，注意力难集中，险情往往力风雨所掩盖；⑤河道水位降落时，此时紧张心情缓解，思想易麻痹。

"五到"是：巡查时要做到①眼到；②手到；③耳到；④脚到；⑤工具物料随人到。

1）眼到。用眼来观察：①看堤面堤坡有无崩挫裂纹、漏洞流水等现象；②看堤防迎水坡有无浪坎、崩塌，近堤水面有无漩涡；③看堤防背水坡、地面或水塘内有无翻沙鼓水现象等。

2）手到。用手摸探和检查，堤上有草或障碍物不易看清的地方应用手拨开草或障碍物查看。

3）耳到。用耳听，在夜深人静时，效果更好：①细听附近有无水流声，可以了解有无漏洞；②细听有无滩岸崩塌落水声，可以帮助发现塌岸等情况。

4）脚到。在下雨泥泞看不清或看不到的地方，用脚的感觉来检查：①从温度上来鉴别。渗漏的水往往是从地层下或堤身渗透而来，水温较地表水温低，所以如感到水凉或是浸骨，就应引起注意，认真检查。②从软硬上来鉴别。如果发现溶软不是表层，而是很深且踩不着硬底，或是表层硬里层软似弹簧，就可能有险。③从虚实来鉴别。防浪梢排或是表面铺了草袋、麻袋的险工段，下面是否被冲刷或淘空，可上去用脚踩一踩，如骤然下陷，即说明有险。

5）工具到。携带必要的工具，如铁锹、探杆、手电筒、口哨等，每处出险工程要按照"一把伞、一个人、一个记录本、一盏灯"的标准，落实好巡查值守人员和必要设施。

"三清"是：①险情要查清，辨别真伪以及出险原因；②要说清出险时间、地点、现象等；③报警信号要记清，以便及时组织力量，针对险情特点进行抢险。

"三快"是：①发现险情要快，巡堤查险时要及时发现险情，争取把险情消灭在萌芽状态；②报告险情要快，发现险情，无论大小都要尽快向上级报告，以便上级掌握出险情况，迅速采取有力的抢护措施；③抢护快，凡发现险情，均应立即组织力量及时抢护，以免小险发展成大险，增加抢险的难度和危险。

（2）巡查临河堤坡时，1人在临河堤肩走，1人在堤半坡走，1人持探水杆沿水边走（堤坡长可增加人员）。沿水边走的人要不断用探水杆探摸护脚根石，借波浪起伏的间隙查看堤坡有无险情。另外2人注意查看水面有无旋涡等异常现象，并观察堤坡有无裂痕、塌陷、滑坡、洞穴等险情发生。在风大浪急、顺堤行洪或水位骤降时，要特别注意堤坡有无崩塌现象。

（3）巡查背水堤坡时，1人在背水堤肩走，1人在堤半坡走，1人沿堤脚走（堤坡长可增加人员）。观察堤坡及堤脚附近有无渗水、管涌、流土、裂缝、滑坡、漏洞等险情。

（4）对背水堤脚外100～500m范围内（各地规定不同）的地面及积水坑塘、洼地、水井、沟渠应组织专门小组进行巡查，反复检验有无管涌、流土、翻砂、渗水现象，并注意观测其发展变化情况。对淤背或修后戗的堤段，也要组织一定力量进行巡查。

（5）堤防出现险情后，应指定专人定点观测或适当增加巡查次数，及时采取处理措施，并向上级报告。

（6）巡查的线路，一般情况下可去时查临水堤坡，返回时查背水堤坡，当巡查到两个责任段接头处时，两组应交叉巡查10～20m，以免漏查。

11.2 漫溢抢险

11.2.1 险情

土质堤坝是散粒体结构，抗冲刷能力差，洪水漫顶极易引发溃坝。当预报洪水位（含风浪高）有可能超过堤顶时，为防止漫溢溃决，应在堤顶临水侧抢修子堤（埝）。

11.2.2 发生原因

（1）上游发生超标准洪水，洪水位超过堤坝的设计防御标准。

（2）河道内有阻水建筑物，如未按规定修建拦河建筑物、桥涵，缩小了行洪断面或垃圾堵塞桥孔，导致水位壅高。

（3）河道严重淤积，过水断面缩小，抬高了水位。

（4）堤防施工碾压不实，存在隐患和基础软弱造成较大沉降，导致堤坝高度不足。

（5）风浪或风暴潮带来增水。

11.2.3　漫溢抢护措施

漫溢抢护的原则主要是"水涨堤高，护顶防冲"。当洪水有可能超过堤（坝）顶时，为防止洪水漫溢，应迅速组织人力、物力在洪水来临之前，按"水涨堤高"原则在堤顶抢筑子堤（埝）；当预报水位较高，子堤抢护难以奏效，可按"护顶防冲"原则，在堤顶铺设土工织物等防冲材料防护。

防漫溢抢修时间紧，战线长，为节省工程量，加高堤防和坝垛顶部常采用修筑子堤的形式。填筑子堤时要全线同步施工，分层夯实或铺筑，不能分段填筑，免得洪水从低处漫出而措手不及。常见的子堤有纯土子堤、土袋子堤和防浪墙防漫溢子堤等。

1. 纯土子堤

抢修纯土子堤适用于堤顶宽阔、取土容易、风浪不大、洪峰历时不长的堤段。抢筑时，应在背河堤脚50m以外取土，一般选用亚黏土、壤土或取用汛前堤上储备的土料堆，不宜用沼泽腐殖土。万不得已时，可临时借用背河堤肩浸润线以上部分土料修筑，但不应妨碍交通并应尽快回填还坡。子堤应在原堤顶内侧至少0.5～1.0m后抢做，一般子堤顶宽0.6～1m，顶高应超出推算最高水位0.5～1m，边坡不陡于1：1。需注意子堤与原堤顶接触面要清理干净，清除堤顶的杂草、杂物，刨松表土，并在子堤中线处开一条深宽各为0.3m的沟槽，便于新老土体结合。此法具有就地取材、修筑快、费用省的优点，汛后可加高培厚使子堤成正式堤防。

2. 土袋子堤

抢修土袋子堤是抗洪抢险中最为常用的形式（见图2-11-1）。土袋子堤适用于堤顶较窄、风浪较大、取土困难、土袋供应充足的堤段。一般用草袋、麻袋或土工编织袋装土，土袋主要起防冲作用。要避免使用稀软、易溶和易被风浪冲刷吸出的土料。每袋七八成满，最好不要用绳扎口，以袋口朝向背水侧，排砌整齐，袋缝上下层错开，上层与下层要交错掩压，土袋临水成1：0.5、最陡1：0.3的边坡。不足1m高的子堤，临水叠砌一排土袋，或一丁一顺形式。对较高的子堤，底层可酌情加宽为两排或更宽些。子堤高程应超过推算的最高水位并保持一定的超高。

3. 防浪墙防漫溢子堤

对于堤顶设有混凝土（浆砌石）防浪墙的，在遭遇超标准洪水时，可利用防浪墙作为子堤的迎水面。在墙后直接回填土压实或利用土袋加固加高挡水。土袋应紧靠防浪墙背后叠砌，宽度、高度均应满足防洪和稳定的要求，其做法与土袋子堤相同。为防止原防浪墙倾倒，可在防浪墙前抛投土袋或块石。

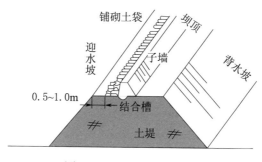

图 2-11-1　土袋子堤

11.2.4　抢险需要的物资和设备

抢险需要的物资和设备有：土料（尽可能选用黏性土壤，不要用沙土或含有植物根叶的腐殖土和含有盐碱等易溶于水的土料）、编织袋、麻袋、草袋、木桩、柳石枕用料、土工膜、彩条布，以及装载车、挖掘机、铁锹、推车等。

11.3　渗水抢护

11.3.1　险情

持续高水位时，堤内浸润线抬高，堤后浸润线出逸点高出地面，引起堤后坡土体湿润或发软，有水溢出的现象，称为渗水（又称散浸）。堤坡渗水是堤防较常见险情之一，若不及时处理，极易发生管涌、滑坡，甚至发生漏洞等险情。

11.3.2　发生原因

（1）堤身修筑质量不好或有隐患，如蚁穴、树根、鼠洞、暗沟等。

（2）堤身单薄，断面不足。

（3）堤身土质不好（沙土），透水性大，迎水坡面无透水性小的黏土截渗层。

（4）水位超警持续时间长。

11.3.3　渗水抢护措施

渗水的抢护原则："临水截渗、背水导渗"。"临水截渗"即在堤防临水侧用透水性小的黏土料做外帮防渗，也可用篷布、土工膜隔渗，减少水体入渗到堤内，达到降低堤身浸润线的目的；"背水导渗"即在堤防背水侧增加反滤排水设施，增加背水侧堤身的排水能力及防止堤后坡出现流土、管涌现象。

1. 临水截渗

（1）复合土工膜截渗。水深较浅而缺少黏土的堤段，可采用复合土工膜截渗。具体做法是：在铺设前，清理临水堤坡杂草及杂物等，并整平堤坡。复合土工膜顺堤坡长度应超过堤坡1～2m，顺堤轴线长度应超过险工段两端各5m，单幅土工膜之间搭接宽度0.5～1.0m。每幅复合土工膜底部固定4～5cm的钢管或塞入土袋，上端系于顶面木桩上。铺设前，宜在临水堤肩上将土工膜卷好，然后沿堤坡紧贴展铺。为防止土工膜漂浮，可在其上压盖土袋（见图2-11-2）。

（2）黏土截渗。水浅流缓、风浪不大、取土较易的堤段，宜在临水侧采用黏土截渗（见图2-11-3）。黏土截渗方法：清理堤坡杂草及杂物，顺堤坡抛填或通过船抛填黏土。如水深较大或流速较大，可在堤脚抛投填土袋修筑临时子堰，再在堰内填黏土。黏土截渗体厚度一般为2～3m，高出洪水位1m，超出渗水段两端3～5m。

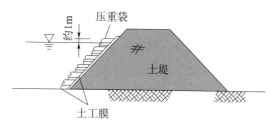

图2-11-2　复合土工膜截渗

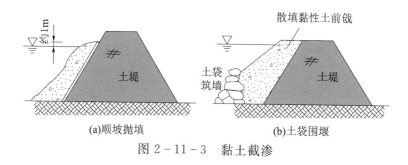

(a)顺坡抛填　　　　　　　　　(b)土袋围堰

图2-11-3　黏土截渗

（3）开沟导渗。在堤坡下游面开挖导渗沟，导渗沟深度不小于0.3m，沟底宽不小于0.2m，竖沟距为4～8m。导渗沟的具体尺寸和间距宜根据渗水程度和土壤性质确定。堤防背水坡导渗沟的开挖高度，宜达到或略高于渗水出逸点位置。导渗沟宜布置成纵横沟、Y形沟和"人"字形沟等形式。沟内应铺设滤料、土工膜或透水软管等，引导渗水排出（见图2-11-4）。

2. 背水导渗

先将背水坡渗水部分表面杂物清除，再按反滤结构要求，下细上粗，分层铺设反滤料，可选用砂石、梢料或土工织物（根据土壤粒径选定），最上面再盖石料或沙袋。

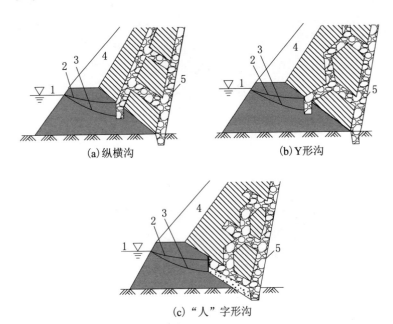

(a) 纵横沟

(b) Y 形沟

(c) "人"字形沟

图 2-11-4 开沟导渗

1—洪水位；2—开沟前浸润线；3—开沟后浸润线；

4—堤顶；5—排水纵沟

11.3.4 抢险需要的物资和设备

抢险需要的物资和设备有：

（1）黏性土壤、土工膜，用作临水帮戗，增加阻水层，减少渗水量。

（2）反滤料：土工织物、沙子、石子（按级配准备），也可将秸柳（梢）、柴草等用作背水坡开沟导渗。

（3）木桩、打桩工具、铁锹、绳、铅丝、麻袋（或编织袋）、柳（梢）料、滚筒等用作前戗防冲墙。

11.4 滑坡抢护

11.4.1 险情

堤防滑坡指堤坡（包括地基）部分土体失稳滑动，同时出现趾部隆起外移险情。有临水面滑坡和背水坡滑坡两种。滑坡是堤防的一种严重险情，当发现滑坡时，应及时抢护，备齐物料，一气呵成。

11.4.2 发生原因

堤防的临水面与背水面堤坡均有发生滑坡的可能，因其所处的位置不同，产生的原因也不同，分述如下：

（1）临水面滑坡的主要原因：坝脚滩地迎流顶冲坍塌，崩岸逼近堤脚，堤脚失稳引起滑坡；水位消退时，堤身饱水容重增加，在渗流作用下，使堤坡滑动力加大，抗滑力减小，堤坡失去平衡而滑坡；汛期风浪冲毁护坡，侵蚀堤身引起的局部滑坡。

（2）背水面滑坡的主要原因：堤身渗水饱和而引起的滑坡；在遭遇暴雨或长期降雨而引起的滑坡；堤脚失去支撑而引起的滑坡。

11.4.3 滑坡的抢护

滑坡的抢护原则：固脚阻滑，削坡减载，即在保证土石坝有足够挡水断面的前提下，对主裂缝部位进行削坡减荷，而在堤脚部位进行压坡，并做好裂缝防护，避免雨水灌入。

1. 固脚阻滑

应及时在坡脚抛填沙袋、石块，稳住堤坡。对地基不好或临近坑塘的地方，应先做填塘固基。如脱坡已形成，抢护时应在脱坡体上部削坡减载，下部做固脚阻滑。

2. 滤水土撑和滤水后戗

当滑坡险情严重时，可进行滤水土撑或滤水后戗。在下游堤坡滑坡范围内顺堤坡开挖导渗沟，导出土体内渗水，沟深最后挖至脱裂面。导渗沟要按照要求铺设反滤土工膜或砂石反滤层，开沟困难时，可直接采用反滤层。

在完成反滤沟或反滤体后，为防止继续脱坡，可用透水性大的砂料分层填筑滤水土撑。如遇渗水坍坡，而原来堤身又很薄弱，开沟导渗赶不及制止恶化时，则一面开沟导渗，一面抢筑透水土撑支持堤身。土撑底部宜铺设土工织物。每条土撑顺堤方向长 10m 左右，顶宽 5～8m，边坡 1：3～1：5，戗顶高出浸润线出逸点应不小于 0.5m，土撑间距 8～10m。短狭的土撑俗称为"牛尾墩"。牛尾墩对于坍裂土体有重压平衡作用，也有支撑作用，所以墩的大小和距离必须适当。堤身高、基础松软，则墩要做长些；堤身矮、基础坚实，则墩可做短些（墩的长短是指墩坡脚距堤坡脚的距离）。

3. 滤水还坡

凡是采用反滤结构恢复堤防断面、抢护滑坡的措施，均称为滤水还坡。先在背水坡滑坡范围内做好导渗沟。完成后，将滑坡顶部陡立的土堤削成斜坡。在坡脚堆放石块或沙袋固脚，然后直接回填中、粗砂还坡（见图 2-11-5）。也可采取临河筑戗以加大原堤防断面。

4. 沙、石滤水还坡

先将背水堤坡顶部陡立土坡削成斜坡。按反滤要求分层填粗砂、石屑、碎石各一层，厚度均为 20cm 左右，最后压盖块石一层，以恢复原堤坡，使渗水从反滤层中流出。

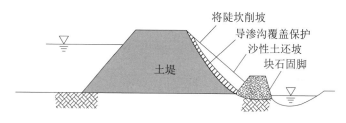

图 2-11-5 滤水还坡

水位骤降引起的临水坡失稳滑动的险情，可抛石或抛土袋抢护，并应符合下列规定：

（1）先查清滑坡范围，然后在滑坡体外缘进行抛石或抛土袋固脚。

（2）不应在滑动土体的中上部抛石或土袋。

（3）削坡减载。

11.4.4 抢险需要的物资和设备

抢险需要的物资和设备有：土工织物、土工膜、土料、石料、石子、沙子、编织袋、麻袋、钢丝笼、石笼、铅丝笼，以及装载车、挖掘机、铁锹、推车等。

11.5 跌窝（塌坑）抢护

11.5.1 险情

在持续高水位的情况下，由于集中渗漏，在土堤堤顶、临背水侧堤坡及坡脚处突然出现局部塌陷的现象称为跌窝（塌坑）。跌窝是堤防常见险情之一，其主要危害是破坏土体结构，有时还伴有流土、管涌等其他险情发生，危及堤防安全。

11.5.2 发生原因

（1）堤坝施工质量差，夯压不实，分段施工接头处没处理好。

（2）基础未处理好。

（3）堤坝体有隐患，如蚁穴、兽穴等。

（4）堤坝内涵管漏水，或管涌、流土、漏洞所致。

（5）圬工建筑物与土体结合部未处理好。

11.5.3 跌窝（塌坑）抢护措施

跌窝（塌坑）处置时应先分析跌窝原因，根据初步分析的跌窝原因、跌窝部位、防汛备料情况等，采取不同的处置措施。跌窝处置时，要密切关注上游水情，避免因跌窝处理产生二次险情。

1. 翻填夯实

如属局部坍塌或湿陷跌窝，采用翻挖分层填土夯实的办法予以处理，先将跌窝内的松土挖出，然后按原堤防部位要求的土料进行回填夯实。有护坡结构的，要按照原护坡结构恢复护坡。

2. 填塞封堵

当堤防临水侧水下出现跌窝险情时，可以用编织袋装黏性土料，直接放置水下跌窝处，进行水下填塞封堵（见图 2-11-6）。跌窝填塞后，在跌窝填塞处上方一定范围内再抛填黏性土，防止跌窝处形成集中渗流通道，导致更大险情。

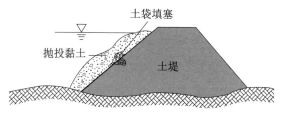

图2-11-6 填塞封堵

3. 填筑反滤材料

当跌窝发生在堤防背水侧，同时伴有流土、管涌、渗水等其他险情，应尽快对堤的迎水坡渗漏通道进行截堵，将跌窝内松软土清除，在跌窝处按照导渗原则铺设砂石反滤层或铺放反滤土工膜，其上填筑砂石透水材料（见图2-11-7）。

跌窝抢护时应注意：翻筑坝体时应考虑堤防安全坡度，避免因清除跌窝土体造成更大范围跌窝。

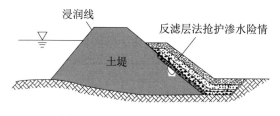

图2-11-7 填筑反滤材料

11.5.4 抢险需要的物资和设备

抢险需要的物资和设备有：土、编织袋、土工膜、石料、石子、沙子、铅丝笼及推土机、装载机等。

11.6 管涌抢护

11.6.1 险情

管涌也称"泡泉""翻砂鼓水",是常见险情。管涌是指土体内细颗粒由于渗流作用而在粗颗粒间的孔隙通道内移动或被带走的过程。管涌一般发生在背水坡脚及附近地面或较远的坑塘洼地,多呈孔状,出口冒清水或细沙。管涌孔径小的如蚁穴,大的可达数 10cm,少则出现 1～2 个,多则出现管涌群。管涌的发展是导致堤坝溃决的常见原因。

11.6.2 发生原因

具有强透水层地基的堤坝,高水位时,渗透坡降大于地基覆盖层的允许渗透坡降,就会在背水坡脚附近地面发生渗透破坏。渗流使土体中细颗粒沿孔隙移动并被带至地面,在渗水出口四周形成沙环。随着流失土粒增多变粗,逐渐形成贯穿的连续通道而形成管涌险情。

土坝上游天然铺盖被破坏,或防渗铺盖质量不高,坝后排水反滤措施失效,在堤坝背水坡脚外取土、挖鱼塘、打井、爆破等,削弱或破坏了覆盖层,缩短了渗径,减少了抵抗渗流的阻力,更会使管涌险情恶化。

11.6.3 管涌的抢护

由于管涌发生在强透水砂层,汛期很难在迎水面进行处理,一般只能在背水面采取制止漏水带砂而留有渗水出路的措施稳住险情。它的抢护原则是"反滤导渗,制止涌水带出泥沙"。其具体抢险方法如下。

1. 反滤围井

对于堤坝背面发生个数不多，面积不大的严重管涌时，可用反滤围井抢护。方法是清除地面杂物，挖去软泥，在涌泉的出口周围用土袋分层错缝垒成围井，并在预计蓄水高度上埋设排水管。围井内径一般为翻砂鼓水孔口直径的 10 倍，蓄水高度一般以能使水不挟带泥沙从排水管顺利排出为度。围井高度小于 1.0m，可用单层土袋；大于 1.5m 可用内外双层土袋，袋间填散土并夯实。井内按反滤要求分层铺填反滤料。按所用的不同反滤料，可建成沙石、土工织物和梢料反滤围井。若井内涌水大而急，滤料无法分层铺填时，可先用砖石沙袋等填塞，待水势削弱后再按反滤要求填筑（见图 2-11-8）。

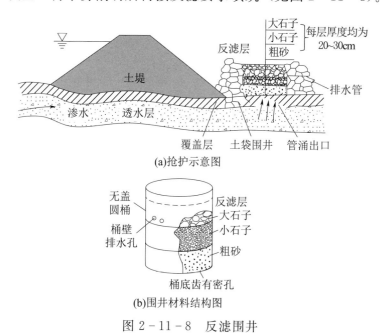

图 2-11-8　反滤围井

2. 反滤铺盖

在堤内出现较大面积的管涌或管涌群时，可修筑反滤铺层，在险工部位上方直接填筑透水材料压盖（见图2-11-9）。透水材料必须符合反滤要求，以降低涌水流速，制止地基泥沙流失，稳定险情；也可在险工部位直接铺放反滤土工膜，再填筑砂石或其他透水材料压盖。管涌发生在堤坝后面的坑塘时，可在管涌的范围内抛铺一层厚15～30cm的粗砂，然后再铺压碎石、小片石，形成反滤。在抢筑反滤铺盖时，不能为了方便而降低坑塘内积水位。

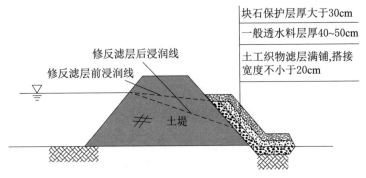

图 2-11-9　反滤铺盖

3. 减压围井

当管涌渗漏险情危急，反滤料一时难以调用时，可在管涌口抢修减压围井形成一个水池，利用池内水位升高，减少内外水头差，以改善险情（见图2-11-10）。如出现管涌群或漏洞出水口范围大时，可在背水坡脚外抢修月堤，积蓄漏水，抬高水位反压。减压围井和月堤高度可视抢修需要而定，直到制止涌水带出沙粒为止。

由于此法只能靠减少水头差来削弱渗流而缺少反滤功能，因此，属于临时应急措施，必须加强监视，以防险情恶化。

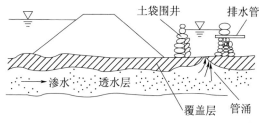

图 2-11-10 减压围井

4. 压渗台

用透水性土料修筑的压渗台可以平衡渗压，并能导渗滤水，阻止土粒流失使管涌险情趋于稳定。此法适用管涌较多、范围较大、反滤料不足而沙土料源丰富的情况（见图 2-11-11）。

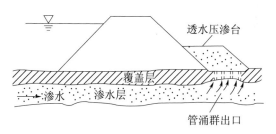

图 2-11-11 压渗台

11.6.4 抢险需要的物资和设备

抢险需要的物资和设备有：

（1）编织袋、沙子、石子（按级配准备），用以做砂石反滤围井用，或者装配式反滤围井。

（2）石料、柳（梢）料（分粗、细料）等软料。

（3）土工合成材料，分为土工膜和土工织物，有防渗和滤水两种用途。

（4）推土机、装载机等。

11.7 漏洞应急抢险

11.7.1 险情

堤坝背水坡或坡脚附近如果发生流水洞，流出浑水，或有时是先流清水，逐渐由清变浑，这是严重的漏洞险情。漏洞险情发展很快，特别是出现浑水后，将迅速危及堤防安全，是堤防最严重的险情之一。因此漏洞抢护一定要求行动迅速，尽快找到漏洞进水口，临背并举，充分做好人力、材料准备，力争抢早抢小，一气呵成。

11.7.2 发生原因

（1）堤身质量差，渗流集中贯穿了堤身。

（2）堤身内存有隐患（如裂缝、沟、洞穴、树根等），未经发现处理，一旦水位涨高，渗水就从隐患内流出。

（3）渗水、管涌处理不及时，逐渐演变为漏洞。

11.7.3 抢护原则

贯穿漏洞的抢护原则是"临水截堵，背水滤导"，即临河封堵，中间截渗和背河反滤导渗。在堤防临水面上找到漏洞进口，及时堵塞，同时在背水侧漏洞出口采用滤导措施，制止土料冲刷流失，切忌在背水坡漏洞出水处强塞硬堵，以免造成更大险情。

11.7.4 漏洞抢护

1. 临水截堵

堵塞进水口是漏洞抢护最有效最常用的方法。抢堵时切忌在洞口乱抛石土袋，以免架空，增加堵漏难度。不允许在进口附近打桩，也不允许在漏洞出口处用封堵法，否则将使险情扩大，甚至造成堤坝溃决的后果。

（1）软楔堵塞。在水浅、流速小、只有一个或少数洞口且人可下水接近洞口，洞口周围土质较硬的情况下，可用网兜制成软楔，也可用其他软料如棉衣、棉被、麻袋、草捆、编织袋等将洞口填塞严实，然后用土袋压实并填土闭气。当洞口较大时，可用数个软楔（如草捆等）塞入洞口，然后用土袋压实，再将透水性较小的散土顺坡推下，铺于封堵处，以提高防渗效果。

（2）盖堵法。当洞口多且较为集中，逐个堵塞漏洞费时，可采用防渗土工膜或篷盖布大面积盖堵，然后在土工膜或篷盖布上抛洒黏土料或土袋，达到封堵闭气效果。

（3）戗堤法。当临水侧漏洞多而小，且面积较大时，在黏土料充足的情况下，可在临水侧漏洞口处直接抛填黏土，厚3～5m，筑成戗堤。戗堤顶至少高出水面1m，若水流速大，直接抛填黏土土料会被带走，可先抛填土袋，然后再抛填黏土封堵（见图2-11-12）。

2. 背水滤导

在临水截堵漏洞的同时，必须在背水漏洞出口处抢做反滤导渗，以制止坝体土流出，防止险情继续扩大（见图2-11-13）。通常采用的方法有反滤压盖、透水压渗台（适用于出口小而多）和反滤围井（用于集中的大洞）等办法。

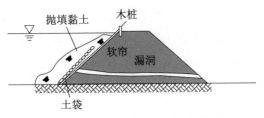

图 2-11-12　戗堤法临水截洞

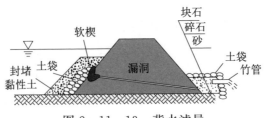

图 2-11-13　背水滤导

11.7.5　抢险需要的物资和设备

1. 探找进水口物资和设备

（1）传统方法采用糠皮、锯末、泡沫塑料、碎草等漂浮物。将其撒于水面，如果在水上打旋或集中一处，说明此处有进出口。或者采用有色液体、同位素示踪法。

（2）潜水衣（或下水衣）、木杆、安全绳。在估计可能有进水口部位握牢木杆，下水探摸。

（3）长杆或梯子。数人下水并排探摸用。

（4）复合土工膜、篷布、席片等。用以覆盖找洞，将其加重物沉于水中，如果移动费力，且出水口水流减

98

弱，说明这一区域内有漏洞。

（5）探漏工（机）具、水下机器人。

2. 抢堵漏洞物资和设备

（1）软楔。当漏洞进水口很小，周围土质较硬时适用。

（2）软帘、编织袋、麻袋、草袋、棉衣、编织袋包、网包、草包、土等。软帘有篷布、复合土工膜、塑料编织布等。用时将一端卷入圆柱形重物（水泥杆、钢管内装土或沙子等），一端固定在堤坡上，随坡滚下，再增压土袋并填土闭气。如找不准进水口，当水深较浅时在一定范围内修筑月堤，将进水口围护在内，然后再进行堵塞。

（3）挡板。在进水口不大时，用其覆盖后再压土袋闭气。

（4）反滤料。沙子、石子（按级配准备）、秸柳（梢）料、土工膜织物等。

（5）棉衣被、草席等软性透水材料，用作背水软堵，只是在洞口较小、漏水较轻且堤身土质坚实时才可采用。

11.8 接合部接触冲刷

11.8.1 险情

穿堤建筑物与堤防接合部是堤防的薄弱环节。容易发生由渗透破坏引起的管涌、漏洞等险情。在高水位下，河水常常沿着土石接合部位等薄弱地带产生渗漏，进而形成渗漏通道，造成险情发生。

11.8.2 发生原因

（1）与穿堤建筑物接触的土体回填不密实。

（2）建筑物与土体接合部位有生物活动。

（3）穿堤建筑物止水遭破坏，渗径缩短，致使沿洞、管壁渗漏。

（4）一些老的涵箱断裂变形。

（5）穿堤建筑物的变形引起接合部位不密实或破坏等。

（6）堤基土不均匀系数太大的地方，如粉细砂与卵石间也易产生接触冲刷。

（7）由于建筑物各部分的地基承载力不一样，或者地基内有淤泥、松软薄弱带，在建筑物自重作用下，基础将产生不均匀沉陷，引起接合部土体不紧密，遇水发生渗漏。

11.8.3 抢护方法

接触冲刷抢护原则是"临水截渗，背水导渗"。

1．临水截渗

当漏洞进水口较小时，一般用土工膜等软性材料堵塞，并盖压闭气；当漏洞进水口较大，堵塞不易时，可利用软帘、网兜、薄板等覆盖的办法进行堵截；当漏洞进水口较多时，情况又复杂，洞口一时难以寻找，且水深较浅时，可在临水坡面进行黏土外帮，以起到防漏作用。具体方法有：塞堵法、盖堵法和戗堤法等。

（1）塞堵法。此法适用于水浅、流速小，只有一个或少数洞口，人可下水接近洞口的地方。当漏洞进水口较小，周围土质较硬时，可用棉衣、棉被、草包或编织袋等物堵塞。

（2）盖堵法。用软帘、网罩和薄木板等物，先盖住漏洞进水口，待漏洞基本断流后，在其上再抛压土袋或填黏土闭气。

（3）戗堤法。当坝的临水坡漏洞口较多较小，范围又较大，进水口难以找准或不全时，可采用抛黏土填筑前戗或临水筑月堤的办法进行抢堵。

2. 背水导渗

背水侧采用的反滤围井、反滤铺盖等背水导渗方法，渗水的抢护详见 11.3 节。

11.8.4　抢险需要的物资和设备

抢险需要的物资和设备有：黏土、棉衣、棉被、草包或编织袋、反滤料（沙子、石子按级配准备）、软帘、网罩和薄木板等。

11.9　决口与堵口

11.9.1　险情

堤坝在洪水袭击下出现的各种险情，如抢护不及时或抢护不当，就会导致堤防决口。堤防决口对堤围保护区社会经济的发展和人民生命财产的安全危害巨大，要迅速采取有力措施堵口复堤。

11.9.2　堤防决口抢险方法

堤防决口抢险是指汛期高水位条件下，将通过堤防决口口门的水流以各种方式拦截、封堵，使水流完全回归原河道。这种堵口抢险技术上难度较大，主要牵涉到以下几个方面：一是封堵施工的规划组织，包括封堵时机的选择；二是封堵抢险的实施，包括裹头、沉船和进占堵口、防渗闭气措施等。

堤防溃决险情的发生，具有明显的突发性质。在抢险的组织准备、物料准备等方面往往都不太充分。因此，要针对这种紧急情况采用适宜的堵口抢险应急措施。

为了实现决口的封堵，通常可采取以下四种措施。

1. 抢筑裹头

堤防溃决后，对口门两端的坝头抢做裹头，能防止溃口进一步扩大。主要的做法是在口门两端的堤头或者是河道截流围堰坝头修筑裹头来防护，裹头的修筑可利用混凝土、块石或土石袋、竹笼、铁丝笼或柳石枕等材料，要看具体的口门情况来制订裹头修筑方案。

裹头施工应根据堤头的土质、水的深度和水的流速来进行具体方案设计。在水流较为缓慢且土质比较好的条件下，先在堤头打桩，在桩内沿边钉上柳把、秸秆料等，在桩与堤头之间填土。在不打桩的情况下，可直接用投编织袋和抛石来做裹头防护。当水深且水流湍急土质较差的情况下，可挖断堤身在堤头抛排枕或铺土工软布，沿着裹头部位向下挖 $1\sim2m$。做裹头要计算流速，准备足量抢护物料，做好口门坍塌时救险的准备，裹头的长度依照口门的水势情况在裹头迎水和背水部分进行维护。

2. 沉船截流

沉船截流在封堵决口的施工中能起到关键的作用。沉船截流可以大大减小通过决口处的过流流量，从而为

102

全面封堵决口创造条件。在实现沉船截流时，最重要的是保证船只能准确定位。在横向水流的作用下，船只的定位较为困难，要精心确定最佳封堵位置，防止沉船不到位的情况发生。

采用沉船截流的措施，还应考虑到由于沉船处底部的不平整，使船底部难与河滩底部紧密结合的情况。这时在决口处高水位差的作用下，沉船底部流速仍很大，淘刷严重，必须迅速抛投大量物料，堵塞空隙。在条件允许的情况下，可考虑在沉船的迎水侧打钢板桩等阻水措施。也可采用港口工程中已广泛采用的底部开舱船只抛投物料。这种船只抛石集中，操作方便。在决口抢险时，利用这种特殊的抛石船只，在堵口的关键部位开舱抛石并将船舶下沉，这样可有效地实现封堵，并减少决口河床冲刷。

3. 进占堵口

常用的进占堵口的方法有立堵、平堵和混合堵三种。

（1）立堵。从口门的两端或一端，按拟定的堵口堤线向水中进占，逐渐缩窄口门，最后实现合龙。随着口门逐渐被缩窄，上下游水头差和流速也随之加大，此时口门习惯称为龙口。立堵成败的关键在于抢堵龙口。因为此时龙口处水头差大，流速高，抛投物料难以到位。在这样的情况下，要做好施工组织，采用巨型块石笼、预制混凝土四面体抛入龙口，以实现合龙。或借用道桥技术采用组装式货柜以端进法抛投（从龙口两端或一端下料）进占戗堤，直至截断河床。条件许可的情况下，可从口门的两端架设缆索，以加快抛投速率和降低抛投石笼的难度。

（2）平堵。平堵是利用打桩架桥，在桥面上或船上进行平抛物料堵口。堵口前先在口门两端直接抛石笼、块石，也可打排桩，桩后挡柴排，排后填土，做成裹头。然后在口门中间打排桩架桥后在桥上或在船上进行平抛物料，沿口门底部逐层填高，直至堵口物料高出水面截堵水流。这种方法需要的材料、施工附属设施较多，费用较大。一般说来，平堵比立堵的单宽流量小，最大流速也小，水流条件较好，可以减小对龙口基床的冲刷。它适用于水头较小、河床易受冲刷的情况。

（3）混合堵。混合堵是采用立堵与平堵相结合的方法，有立平堵和平立堵两种。在 1998 年抗洪斗争中，借助人民解放军工兵和桥梁专业的经验，采用了"钢木框架结构、复合式防护技术"进行堵口合龙。这种方法是用 40mm 左右的钢管间隔 2.5m 沿堤线固定成数个框架。钢管下端插入堤基 2m 以上，上端高出水面 1~1.5m 做护栏，将钢管以统一规格的连接器件组成框网结构，形成整体。在其顶部铺设跳板形成桥面，以便快速在框架内外由下而上、由里向外填塞物料袋，以形成石、木、钢、土多种材料构成的复合防护层。要根据结构稳定的要求，做好成片连接、框网推进的钢木结构。同时要做好施工组织，明确分工，衔接紧凑，以保证快速推进。

4. 防渗闭气

防渗闭气是整个堵口抢险的最后一道工序。因为实现封堵进占后，堤身仍然会向外漏水，要采取阻水断流的措施。若不及时防渗闭气，复堤结构仍有被淘刷冲毁的可能。

通常，可用抛投黏土的方法，实现防渗闭气。亦可采用养水盆法，修筑月堤蓄水以解决漏水。土工膜等新型材料也可用来防止封堵口的渗漏。

11.9.3　抢险需要的物资和设备

抢险需要的物资和设备有：土料、沙、块石、混凝土四面体、编织袋、钢丝笼、铅丝笼、打桩机、木桩、土工膜、照明灯、装卸车、推土机、挖掘机、船只，以及应急照明装置等。

水库防汛抢险

水库是防汛工作的薄弱环节和突出短板。水库发生险情后决口垮坝的原因是多方面的，例如缺乏科学的设计、工程质量差，没有溢洪道或者溢洪道偏小，降雨过多，来水太猛等。此外，管理不善，防守不严；工程上存在的问题处理和抢护措施不落实；缺乏防汛抢险的经验，或抢护方法不正确，也会造成决口垮坝的严重后果。

12.1 水库险情巡查

险情位置不同，巡查重点也不同，常见险情巡查重点见表 2-12-1。

表 2-12-1 险 情 巡 查 重 点

序号	险情位置	巡 查 重 点
1	坝基或坝体	1）基础排水设施是否正常，渗水量是否异常加大，水质是否浑浊；两岸接头和坝脚一带有无集中渗漏等现象； 2）坝体背水坡下游坡脚外是否有渗水流土、管涌、沼泽化； 3）上游护坡是否有冲刷、裂缝、塌坑现象； 4）坝体及坝顶是否有蚁、鼠洞穴，塌坑、渗水、隆起等

序号	险情位置	巡 查 重 点
2	输、泄水涵管	1）引渠有无塌岸、堵塞现象； 2）进水塔有无裂缝、不均匀沉陷； 3）洞身有无纵向、环向裂缝及混凝土析出、剥落现象； 4）输水涵出口流量及水的浑浊程度
3	溢洪道	1）引渠有无塌岸、堵塞现象； 2）堰体有无裂缝、不均匀沉陷、错位现象； 3）陡槽段有无塌岸、冲刷，底板是否被掀动； 4）消能设施有无淤积、冲毁等现象
4	闸门、启闭机	1）闸门有无变形、脱焊、裂缝； 2）门槽有无卡堵、气蚀，止水是否完好； 3）闸门螺杆、钢丝绳等是否牢固、有无裂纹、断丝、锈蚀现象； 4）启闭机运转是否灵活，制动、限位是否准确； 5）电源系统是否正常，备用电源是否可靠等

12.2 降低库水位的技术措施

日常或汛前检查若发现水库出现上述问题，应及时采取修复措施。汛期当水库处在高水位时发生险情，应考虑降低库水位。该措施能减少水工建筑物的负荷，减轻险情压力和抢修难度。尤其当溢洪道发生险情，影响正常使用时，降低库水位可防止强降雨导致水库发生漫坝险情，甚至诱发溃坝。

历年来的水库抢险实践表明：当工程出现险情时，降低库水位是抢险工作的关键措施，同时也是效果最为显著的措施之一。采取降低库水位措施时特别注意要控制水位降低的速度，不宜过快，防止水库（大坝）边坡在降水过程中发生滑坡险情。

12.2.1 思路和原则

首先利用现有的水库输、泄水建筑物降低库水位。当下泄流量尚不能满足降低库水位的情况时，应采取其他的工程措施降低库水位（如移动水泵抽水、虹吸管排水、增加溢洪道泄洪量）。在库水位降低后，必要时采取开挖坝体泄洪的方式增加泄洪量。在采取降低库水位的措施时，应考虑大坝本身的安全以及下游影响范围内的防洪安全。

12.2.2 具体方法

常规工程措施有水泵排水、虹吸管排水等。非常规工程措施有增加溢洪道泄流量及开挖坝体泄洪等。各工程措施排水的具体方法介绍如下。

1. 移动水泵抽水

由于水库位置偏僻，难以依靠常规电源取电，通常采用定制的液压动力驱动和高扬程的水泵进行抽排水。为加大排水流量，可采用多个水泵并联抽水，见图 2 - 12 - 1。

2. 虹吸管排水

采用移动式虹吸管抢险泵进行水库降排水，该设备重量轻，搬运方便安装快捷，不需要动力，在多个水库抢险中成功应用。虹吸管排水一般适宜用于坝体高度较低的水库排水，进水口至最高点的高差以不超过 8m 为宜，用于中高坝水库排水降低库水位的操作相对复杂。

3. 增加溢洪道泄流能力

（1）增加溢洪道过水宽度。若溢洪道岸坡不高，挖方不大，可考虑将溢洪道拓宽，增加泄流量。如溢洪道是与土坝紧密连接，则加宽溢洪道只能在靠岸坡一侧进行，拓宽溢洪道通常先要放低（空）库水位。

图 2-12-1　水泵排水现场

（2）降低溢洪道底高程。降低溢洪道底高程应根据溢洪道的堰型确定合适的方法。对于人工修建的实体堰，应先将堰体进行人工拆除；对于开敞式堰体，应结合溢洪道基础的工程地质条件状况，采用不同的工程措施，如人工爆破、机械开挖等。

（3）必要时开挖非常溢洪道。该方法的应用是一种高风险措施，需慎重决策，必须充分考虑溢洪道工程结构状况，否则可能发生高速水流冲刷溢洪道造成垮塌进而诱发溃坝。只有当溢洪道工程结构合适的情况下才能使用。

（4）开挖坝体泄洪。在汛期库水位急剧上升而宣泄不及时，紧急情况下采取在大坝坝顶合适部位开槽进行破坝泄洪。坝顶开槽完成后，在槽内四周铺设土工膜、彩条带等防冲刷材料。应特别注意防冲材料的四周连接固定，以防被水冲走。有条件时可以采用钢管（如脚手架钢管）、网格压住防冲材料，钢管、网格采用锚杆深入坝体土中加固。

开挖坝体泄洪是一种高风险措施，需慎重决策。一般是在大坝（或副坝）出现严重险情时，考虑到下游保护对象的重要性，水库难以用简易措施在3～5天内排除险情的情况下，可采用挖坝泄洪。这种情况必须加强开挖面抗冲保护，否则不但不能确保工程安全，反而会导致整个坝的溃坝。该方法一般应用在坝高比较低的小型土石坝上，开挖的坝体要依次分层开挖，每层的溢流水深以不超过 0.6m 为宜，控制流速不超过 3.5～4m/s。

12.3 土石坝险情抢护的技术措施

12.3.1 土石坝出险种类

土石坝常见的出险种类有：裂缝、塌坡、滑坡、非常渗漏、漫溢、涵管渗漏等，这些险情若不及时处理，将会造成巨大危害，甚至有溃坝危险。

12.3.2 险情抢护原则

土石坝险情抢护有以下原则：

（1）人民生命财产安全放到首位。

（2）正确分析土石坝出险原因。

（3）发现险情立刻处理，抢早、抢小、不拖、不等。

（4）根据防汛备料情况，就地取材，因地制宜。

12.3.3 抢护方法

（1）土石坝险情等级。土石坝常规险情等级划分见表 2-12-2。

表 2 - 12 - 2 土石坝常规险情等级划分

险情类别	名称	险情等级		
		重大险情	较大险情	一般险情
洪水溢漫	溢漫	超允许最高洪水位		
渗流破坏	渗水	背水坡大面积散浸,出逸点高,有明显细水流,出现涌水带沙或渗出浑水	背水坡较大面积散浸,出逸点较高,渗水部位有少量沙粒流动	背水坡局部散浸,渗出少量清水且出逸点不高
	漏洞	发现贯穿堤坝的漏水洞,并且漏水量大,浑浊度高	发现孔洞清水量较少,浑浊度较低	未发现漏水的各类孔洞,或漏出少量清水
	管涌(流土)	冒水冒沙严重,已产生局部乃至大范围渗透破坏,危及坝体安全	涌水口直径和水量较大,已冒出浑水,且还在继续发展扩大	发现管涌和流土现象,涌水口直径和水量均不大,险情未继续发展
结构破坏	裂缝	贯穿性横向裂缝或滑坡性裂缝	未贯穿的横向裂缝或不均匀沉降裂缝	纵向裂缝较窄、较浅或局部较长的龟纹裂缝
	塌坑	经鉴定塌坑与渗水、管涌有直接关系,或坍塌持续发展,坍塌体积较大,或沉降值远大于允许值	背水侧有渗水、管涌,坍塌未继续发展或坍塌体积小	背水侧无渗漏现象,或坍塌不发展,或坍塌体积小、坍塌位置较高
	滑坡	出现较大面积的深层滑坡或深层滑动,计算的安全系数小于允许值	坝体出现局部或小范围深层滑坡	坝体出现浅层裂缝,缝宽较小,或长度较短

险情类别	名称	险 情 等 级		
		重大险情	较大险情	一般险情
结构破坏	冲刷	坝身土料或护坡被风浪水流冲刷侵蚀严重，并造成坍塌	护坡被风浪水流冲刷侵蚀掏空，出现冲坑面积较大，但未形成坍塌	临水面被风浪水流冲刷，护坡破坏或冲坑面积较小

（2）土石坝险情抢护方法。土石坝裂缝、塌坑、滑坡、渗漏、漫溢、涵管渗漏等险情抢护方法参见11.2～11.9节。

12.4 防止土石坝洪水漫坝的技术措施

当土石坝遭遇超标准洪水，根据预报水位可能超过坝顶时，应开闸泄水，并迅速进行加高抢护，防止漫溢溃决，否则会造成严重险情。图2-12-2为某水库在超标准洪水时未及时开闸泄水造成漫坝时场景。

12.4.1 主要原因

（1）暴雨集中，洪水超过设计标准，或因风大浪高，而坝顶设计超高不足。

（2）施工中坝高未达到设计标准或坝体沉降过大。

（3）无溢洪道或溢洪道尺寸较小，溢洪道堵塞，造成洪水宣泄不及时。

（4）闸门失灵，无法打开溢洪道闸门。

（5）附近发生地震或山体滑坡，壅高了水位。

图 2-12-2　某水库漫坝场景

12.4.2　抢护原则

（1）采取措施打开底涵泄洪闸加大泄水，降低库水位。

（2）抓紧一切时机，尽全力在洪水来临前在坝顶部位抢筑子埝，保护下游坝坡，同时注意加高坝体以后带来的其他险情。

（3）坚持生命至上，及时转移下游受威胁的群众。

12.4.3　抢护方法

为防止洪水漫坝，可采取降低库水位、抢筑坝顶挡水子堰、坝顶临时过水和非常规保坝等四种抢护方法。

1. 降低库水位

具体技术措施见 12.2 节。

2. 抢筑坝顶挡水子堰

挡水子堰主要有土料子埝、土袋子埝、装配式防汛子堤等。

（1）土料子埝。在黏土料充足、风浪较小、无雨情况下，可在临水坡坡肩修筑纯土料子埝。纯土料子埝施工简单，但必须严格控制施工质量。

（2）土袋子埝。为了加快速度，减少土方，可用编织袋、草袋、麻袋装土，修筑子埝。修筑时，袋内装土先在临水坡侧分层叠砌。同时在袋后填土夯实，形成后戗。由于土袋子埝整体性好，抗御水流、风浪冲刷能力强，施工简便，在漫溢抢险中得到了广泛应用。

（3）装配式防汛子堤。装配式防汛子堤主要用于沙壤土、壤土、黏土及混凝土等软硬堤防应急防漫堤抢险。与传统方式相比，防汛子堤突破传统模式，摒弃传统材料、工艺等，装配式防汛子堤具有高效快捷、组坝灵活、适应性强、便于储运、回收复用、绿色环保等特点。

3. 坝顶临时过水

坝顶临时过水的方法是在大坝坝顶至下游坝坡铺没防渗、防冲材料（如土工膜、彩条布等），防渗防冲材料的铺设应覆盖下游坝坡并延伸到坝脚以外一定的距离，这是十分关键的。应特别注意防冲材料四周的连接固定，以防被水冲走。

在万不得已的情况下才可以考虑这一措施，大坝下游坝坡必须为堆石坝边坡，坡度较缓，同时对坝体两岸山体也有一定的要求。这种方法只针对短历时洪水，且洪量较小的情况，同时应能够准确掌握相应的水文、气象等洪水资料。

4. 非常规保坝方式

常用的非常规保坝措施有开挖或炸开非常溢洪道、副坝或坝头等方法。在这种紧急情况下，采取非常保坝措施，可有效地加快泄洪流量，使水库转危为安，是一种有效的抢险应急措施。对于浆砌石重力坝和混凝土重力坝，一时难以加高坝体时，应事前做好坝顶溢洪的准备，并对下游发布洪水预报和紧急警报，以便组织居民尽早转移。应尽可能对分洪或决口的洪水演进线路、淹没范围和洪水到达时间做出迅速的分析判断，及时并准确地发布洪水预报和紧急警报，使洪水淹没区的居民、粮食、设备、物资及牲畜等在洪水到来之前，有计划地转移到安全地区。

12.5 溢洪道的防汛抢险

12.5.1 溢洪道常见险情

溢洪道是水库泄洪以保障水库安全的重要设施。常规岸坡溢洪道由进水渠、控制段、泄槽段、消能防冲段及出水渠组成。溢洪道控制段安装有闸门的为有闸溢洪道，无闸门的为无闸溢洪道。

小型水库溢洪道多为无闸溢洪道。其常见险情有进口引渠堵塞、岸墙塌落、底板开裂、冲毁等。有闸溢洪道除存在以上险情外，还有闸门无法开启等险情。

12.5.2 出险原因

溢洪道出险原因有以下方面：

（1）闸门启闭机械和金属结构养护不到位，缺少备用启闭设施和备用动力。

（2）进口段遭受水流顶冲，风浪淘刷。

（3）溢洪道超标准运用，泄流量超过设计流量。

（4）下游泄流不匀，出现折冲水流。

（5）防渗排水设施损坏，泄槽底板与侧墙扬压力过大。

（6）基础不均匀沉陷，底板破裂变形。

（7）消能设计不合理，使消能工、岸墙、护坡、海漫及防冲槽等受到严重冲刷，使砌体冲失、蛰裂、坍陷形成淘刷坑。

12.5.3 溢洪道险情抢护

1. 溢洪道堵塞

由于日常疏于养护或洪水期泄洪流量大，导致大量树枝、标志牌等物件将溢洪道进水渠堵塞，严重影响溢洪道泄洪。抢护方法：提前在溢洪道岸边适当位置放置小型挖掘机或长臂挖掘机，当有大型漂浮物堵塞溢洪道进口引渠时，及时将漂浮物勾出，保证正常泄洪。

2. 溢洪道岸墙塌落

小型水库溢洪道控制段堰体多为素混凝土结构，边墙为混凝土或浆砌石结构，边墙塌落会导致阻水及洪水外溢，应及时将塌落墙体挖出，并采用防渗土工膜、沙袋、吸水膨胀袋等已有防汛物资加高边墙，防止洪水外溢。

3. 底板开裂、冲毁

底板开裂在洪水过后采用水泥速凝砂浆、沥青砂浆或环氧砂浆修补。如底板被掀起、折断等，可临时抛块石、柳石枕或铅丝笼抢护，待洪水过后拆除重建。

4. 溢洪道闸门故障

在洪水来临时，若溢洪道闸门不能正常开启，溢洪道不能正常泄洪，将会严重影响大坝安全。

（1）闸门失控主要原因。

1）闸门门叶承重结构面板、纵横格梁开焊，造成闸门启闭时受力不均，闸门失控。

2）闸门门叶的行走支承、反轮、侧轮等辅助件损坏，导致闸门升降时倾斜、卡阻等故障。

3）闸门启闭设备故障，如停电或供配电系统故障、电动机故障、液压装置故障等导致闸门不能升降。

（2）闸门失控抢护措施。当工作闸门因启闭螺杆弯曲变形、折断或突然断电不能打开时，可派潜水人员下水用钢丝绳系住原闸门吊耳，临时抢开闸门。因电力故障造成的闸门不能开启，应利用备用柴油机发电。

（3）启闭机螺杆弯曲的抢修方法。

1）在不能将螺杆从启闭机拆下时，可在现场用活动扳手、千斤顶、支撑杆及钢撬等器具进行矫直。

2）将闸门与螺杆的连接销子或螺栓拆除，把螺杆向上提升，使弯曲段靠近启闭机，在弯曲段的两端，靠近闸室侧墙设置反向支撑，然后在弯曲凸面用千斤顶缓慢加压，将弯曲段矫直。

3）若螺杆直径较小，经拆卸并支承定位后，可用手动螺杆矫正器将弯曲段矫直。

12.6 涵洞、管道漏水处理

在涵洞与坝身接合缝处，涵洞本身和闸门常发生漏水现象。当接合缝和涵洞本身漏水严重或出现浑水时，应立即堵塞漏水入口处和在背水处导渗。涵洞、管道等混凝土或浆砌石建筑物与土坝身接合处漏水，多半是由于涵洞与坝身土壤接合不紧，没有做截流环、刺墙等止水措施，施工回填夯实质量差、洞身或基础发生不均匀的沉陷而产生。

处理办法：找出漏水的位置，然后在上游涵洞管道周围向水中抛填土袋、黏土等，填塞漏水通路和涵管进口，止住漏水，背水坡漏出浑水或上游填堵不彻底时，可以在背水坡漏水处做反滤层或做围井来堵塞（做法与原理同第11章堤防工程防汛抢险）。

水闸险情抢护

13.1 水闸险情巡查

水闸多数建在砂砾、土质地基上，由于地基条件差和水头低且变幅大两大主因，极易产生险情，危及工程防洪安全。一般分为进口段、闸室段、消能段（消力池、海漫及防冲槽）。水闸常见险情有以下几种：水闸滑动、闸顶漫溢、涵闸漏水、闸门操作失灵、消能工程冲刷破坏、穿堤管道出险等险情等。

水闸险情巡查，根据险情位置不同，巡查重点也不同。水闸常见险情巡查重点见表 2-13-1。

表 2-13-1　　　　水闸常见险情巡查重点

序　号	险情位置	巡　查　重　点
1	进口段	1）基础防渗设施是否正常，底板是否有裂缝、淤积； 2）上游护坡、挡墙是否有冲刷、裂缝、崩塌现象
2	闸室段	1）闸室边（中）墩、底板是否有裂缝； 2）闸门、启闭设备、埋件是否有锈蚀，是否漏水，闸门是否正常启闭； 3）闸室段有无整体滑动
3	消能段	1）消力池边墙有无崩塌、裂缝、不均匀沉陷、错位现象； 2）消力池底板是否裂缝、排水设施是否正常； 3）海漫段、防冲槽段有无冲毁等现象

13.2 水闸滑动险情抢护

中小型水闸建成后，闸室段受到水平力和垂直力作用，当水平推力超过地基的抗滑力时，闸室段沿地基表面或地基深层滑动，称为水闸滑动失稳。

13.2.1 发生险情的主要原因

水闸设计时，基底摩擦系数选取不当（取值偏大），导致闸室稳定计算抗滑安全系数 K_c 大于实际基底抗滑能力；水闸基底存在软弱夹层或流沙层，在设计时未充分考虑基础处理措施，或施工时对软土地基、流沙地基的处理不彻底；上游挡水位偏高，水平水压力增大，导致水闸滑动失稳；扬压力增大，减少了闸室的有效重量，从而减少了抗滑力；水闸年久失修，防渗、止水设施破坏或排水失效，导致渗径变短，造成地基土壤渗透破坏，降低地基抗滑力；发生地震等附加荷载。

13.2.2 水闸滑动抢护方法

水闸滑动抢护的原则是增大抗滑力，减少滑动力以稳固工程基础。抢护方法有以下几方面。

1. 闸上加载增加抗滑力

在水闸闸墩、公路桥面等部位堆放块石、土袋或钢铁块等重物，加载量由稳定验算确定。注意加载不得超过地基承载力，加载部位应考虑构件加载后的安全和必要的交通通道，一般不向闸室内抛物增压，以免闸底板或闸门构件损坏，险情解除后应及时卸载。

2. 下游堆重阻滑

适应于圆弧滑动和混合滑动两种缓滑险情的抢护。

在水闸可能出现的滑动面下端，堆放土袋、石块等重物，见图2-13-1。其堆放位置和数量可由抗滑稳定验算确定。

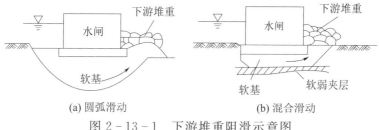

(a) 圆弧滑动　　　　　　　　(b) 混合滑动

图2-13-1　下游堆重阻滑示意图

3. 下游蓄水平压

在水闸下游翼墙范围内，用土袋或土筑成围堤，抬高水位，减小上下游水头差，以抵消部分水平推力，见图2-13-2。围堤高度根据壅水需要而定，断面尺寸应稳定、经济，并在靠近控制水位高程处设溢流管。若下游渠道上建有节制闸，且距离又较近时，关闸抬高水位，也能起到同样的作用。

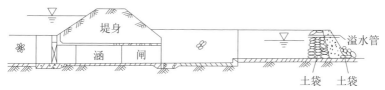

图2-13-2　蓄水反压减少滑动力示意图

4. 临时围堰挡水

在水闸上游段，利用两侧翼墙，用土袋或土筑成围堰，围堰顶高满足挡水高度，围堰顶宽2～3m，利用围堰挡水，水闸不直接挡水，减少水闸继续滑动，见图2-13-3。

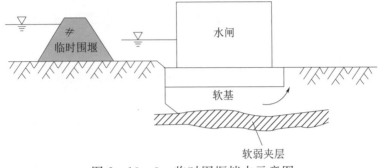

图 2 - 13 - 3　临时围堰挡水示意图

13.3　闸门顶漫溢抢护

开敞式水闸发生区域超标准洪水或地震等自然灾害，水闸闸门关闭时，洪水漫过闸门顶或胸墙顶跌入闸室，危及闸身安全。闸门顶漫溢抢护的原则是增加闸门挡水高度。

13.3.1　无胸墙开敞式水闸的抢护

可在闸墩门槽两侧焊接钢板，钢板高度应高于预计加高的高度，并在闸门顶铺放土工膜，土工膜上堆放装有砂石料的编织袋，每层编织袋错缝摆放，土工膜应将土工袋上游面包裹，并在顶层用编织袋压实。当闸孔跨度不大时，可在闸门槽内焊接角钢，并可用 2～4cm 厚木板拼紧靠在钢架上，在木板前放一排土袋或遇水膨胀袋，防止洪水漫溢。

13.3.2　有胸墙开敞式水闸的抢护

可以利用闸前的工作桥在胸墙顶部堆放土袋，迎水面要压篷布或土工膜布挡水，上述两种情况下堆放的土袋，应与两侧大堤相衔接，共同抵挡洪水，见图2-13-4。注意防闸顶漫溢的土袋高度不宜过大。若洪水位超出过多，可考虑抢筑闸前围堰，以确保水闸安全。

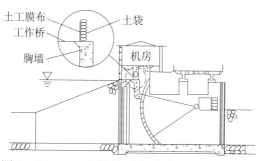

图2-13-4 有胸墙开敞式水闸抢护示意图

13.4 闸门启闭失灵抢护

闸门用于调节流量、宣泄洪水、控制水位，是水闸的重要组成部分。中小型水闸中应用最广泛的闸门是平板闸门，在洪水来临时，若闸门关不下、提不起或卡住而导致运行失控，不仅危及工程本身的安全，而且对下游地区将造成溃坝风险。

运行管理单位应根据运行设备情况，结合单位综合应急预案，按相关规范要求编制闸门和启闭机安全运行的专项应急预案。

13.4.1 闸门启闭失灵的原因

由于闸门变形，闸门槽、丝杆扭曲，吊耳断损，卷扬机钢丝绳断裂，漂浮物等原因或者闸门底坎及门槽内有石块等杂物卡阻，牛腿断裂，闸身倾斜，使闸门难以开启或关闭，造成闸门失控；液压启闭机的液压控制阀组卡住造成油路不通，使闸门拒动；或者台风、暴雨、山洪灾害等造成停电或供配电系统故障，电动机故障、液压装置故障等导致闸门不能升降。

13.4.2　闸门启闭失灵的抢护

泄洪闸门启闭系统出现故障，不能开启闸门时，应改用其他起吊机械或人工绞盘开启。闸门与启闭机具连接件故障，可改用其他方式，以能安全起吊闸门泄流为原则。供电中断，应及时抢修，启用备用电源。当工作闸门因启闭螺杆弯曲变形、折断或突然断电不能打开时，可派潜水人员下水用钢丝绳系住原闸门吊耳，临时抢开闸门或利用备用电源发电。

近年来，在一些工程中，采用一种无电液控应急动力装置作为失电情况下代替电动机驱动启闭机操作闸门，保障防洪安全。采用多种方法仍不能开启闸门或开启不足，而又急需开闸泄洪时，应立即报请主管部门，采用拆破门、炸门等措施强制泄洪。这种方法只能在万不得已时才采用，同时尽可能只炸开闸门，不要破坏水闸的主体结构，最大限度地减少损失。

13.5　闸门漏水抢堵

如闸门止水橡皮损坏，可在损坏的位置用沥青麻丝、棉絮等堵塞。如闸门局部损坏漏水，可用木板外包棉絮进行堵塞。当闸门开启后不能关闭，或闸门损坏导致大量漏水时，应首先考虑利用检修闸门或放置叠梁挡水，若不具备这些条件，常采用以下方法：

（1）篷布封堵。若闸孔不大，水头较小时，可采用篷布封堵。可直接将篷布底边下坠块石放入水中，再在顶边系绳索，岸上徐徐收紧绳索，使篷布张开并逐渐移向漏水进口，直至封住孔口。然后把土袋、块石等沿篷布四周逐渐向中心堆放，直至整个孔口全部封堵完毕。不能先堆放中心部分，而后向四周展开，这样会导致封堵失败。

（2）钢筋笼堵口。当孔口尺寸较大、水头较高时，可根据工作门槽或闸孔跨度，焊制钢框架，框架网格为0.3m×0.3m左右。将钢框架吊放卡在闸墩前，然后在框架前抛填土袋，直至高出水面，并在土袋前抛土，促使闭气。

（3）钢筋混凝土管封堵。采用直径大于闸门开度20～30cm，长度略小于孔净宽的钢筋混凝土管。管的外围包扎一层棉絮或棉毯，用铅丝捆紧，混凝土管内穿一根钢管，钢管两头各系一条绳索，沿闸门上游侧将钢筋混凝土管缓缓放下，在水平水压力作用下将孔封堵，然后用土袋和散土闭气断流。

13.6　水闸消能工破坏抢护

水闸下游的消力池、消力坎、护坦、海漫、防冲槽等消能工被洪水破坏是比较常见的现象。

13.6.1　破坏原因

超标准运用消能设施，如泄水流量或单宽流量大于设计标准引起对消能设施的冲刷破坏；设计考虑不周导致消能设施长度不足；渗透破坏、维修养护不到位引起的损坏；以及河道采砂导致下游水位下降过大、施工质量差等多种因素。

13.6.2　抢险方法

水闸的消能防冲工程被破坏，一般采取的抢护措施有断流抢护、筑潜坝缓冲、筑导水墙导流等。

1. 断流抢护

如果有条件可暂时关闭或临时封堵闸门，在被冲毁的消能设施周围修筑围堰，并将围堰内水抽干，然后对已损毁的消能设施进行抢护，常见抢护方法及材料如下：

（1）在冲毁部位补砌块石，然后采用速凝砂浆回填。

（2）在冲毁部位铺设反滤土工膜，然后铺设钢筋石笼。

（3）用双层麻袋填补缺陷，也可用打短桩填充块石或埽捆防护。若流速较大，冲刷严重时，可先抛一层碎石垫层，再采用柳石枕或铅丝笼等进行临时防护。一般要求石笼（枕）的直径为 0.5~1.0m，长度在 2m 以上，铺放整齐，纵向与水流方向一致，并连成整体。

2. 筑潜坝缓冲

除对被冲部位进行抛石防护外，还可在护坦（海漫）末端或下游做柳枕潜坝或其他形式的潜坝，以增加水深，缓和冲刷，见图 2-13-5。

3. 筑导水墙导流

如果溢洪道的消能工被冲，而溢洪道距土坝又较近时，除按上述方法抢护外，还应用沙袋或块石抢筑导水墙，将尾水导离坝脚。

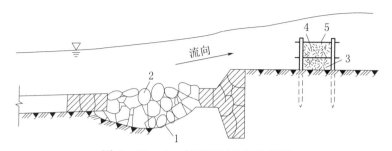

图 2-13-5　筑潜坝缓冲示意图

1—冲刷坑；2—抛石；3—木桩；4—柳捆；5—铁丝

第14章

新型防汛抢险材料

防汛抢险技术及材料在历次防御大洪水中发挥着极其重要的作用，工程一旦出现险情，要迅速采取有效措施进行排除。防汛抢险的核心就是解决土崩、滑坡和渗漏问题，而解决上述问题的关键是把土与水隔离。传统防汛抢险最常用的材料有土、沙、石、草袋、麻袋等。其具有来源广泛、就地取材的诸多优点，但也存在着自重大、体积大、运输搬运困难、劳动强度大、施工速度慢、工程质量难以保证等缺点。

随着经济发展和社会进步，一些传统防汛抢险物料逐步减少或不复存在。如秸秆还田导致麦秸存量大幅减少，燃气器具的使用导致型号较大的铁锅数量急剧下降，传统的草捆、铁锅塞堵漏洞的方法基本不能实施；柳树生长慢，经济效益差，存活数量较少，传统的捆抛柳石枕、柳石楼厢进占技术受到制约；国家常备物料中麻袋超出报废年限，再更新、生产成本较高，体积大，装土后笨重，抢险费时费力，难以适应防汛抢险需要，正逐步被塑料编织袋所取代。

表2-14-1列举了防汛抢险材料的优缺点。

表 2-14-1 防汛抢险材料的优缺点及适用场合

序号	材料名称	材料、装备性能	优缺点	图片
1	充水式橡胶坝袋	充水式橡胶坝袋采用氯磺化聚乙烯加 50% 天然橡胶制成,护坦布采用编织长绒土工膜,以水作坝体填充材料,当超标准洪水发生时,利用该设备可快速组成防洪子堤	优点:储备体积小、运输轻便、组装快速,它能以水治水、汛后回收、反复使用,绿色环保,在防洪加高堤坝时,不再使用大量土石方и人力。当超标准洪水发生时,该设备主要用作临时提高坝高,它以水做坝体填充材料,可快速组成防洪子堤 缺点:需要提前储备	
2	水下机器人	水下机器人也称无人遥控潜水器,是一种工作于水下的极限作业机器人。在水利抗洪抢险中,可用于检查大坝,水库堤坝检修(排砂洞口、拦污栅、泄水道检修)等作用	优点:水下机器人可在高度危险环境、被污染环境以及零可见度的水域代替人工在水下长时间作业,水下机器人上一般配备声呐系统、摄像机、照明灯和机械臂等装置,能提供实时视频、声呐图像。 缺点:由于水下机器人运行的环境复杂,水声信号的噪声大,而各种水声传感器普遍存在精度较差问题	

序号	材料名称	材料、装备性能	优缺点	图片
3	大水牛遥控液压排涝机器人	大水牛遥控液压排涝机器人是针对城市地下车库和下穿式隧道发生内涝需要强排救援而专门设计的。亦可用于位置偏，无电源的山区水库进行降排水抢险	优点：液压驱动，安全性能高，不易产生次生灾害；一机多能，大水牛液压输出端可为其他液压工具提供液压动力，机械化操作，能大幅缩短救援响应时间，大幅降低抢险队员劳动强度，为救援争取更多的时间	新型防汛材料
4	电动水带收纳机	电动水带收纳机的研发和生产主要针对抢险过程中水带湿滑、内部充水和砂石导致人工收纳作业难度大，且抢险后人员疲劳，这款集铺设、收纳、挤排水、运输一体的装备，可减轻劳动强度提高工作效率	优点：装备小巧运输方便，锂电驱动操作安全、可重复多条水带铺设收纳、兼容性强（可兼容100～200mm管径水带）、操作面板防水性能高（可雨中作业）。缺点：初期投资成本相对较高	

序号	材料名称	材料、装备性能	优缺点	图片
5	装配式围井	装配式围井是抢护堤防管涌的有效措施之一。其作用原理是使围井内保持一定的水位，降低管涌孔口处的水力坡降，减少动水压力，使管涌流动的土颗粒稳定，从而防治管涌破坏继续发展	优点：具有安装简捷、效果好、省工省力、能大大提高抢险速度、节省抢险时间并降低抢险强度这些特点外，装配式围井不需要借助复合土工膜进行防漏水，更轻便、实用，可便捷回收。缺点：主要应用于小范围抢险	

第 3 篇

实战篇

第15章

堤防抢险案例

15.1 决口抢险——某穿堤水闸崩决

险情类别：堤防决口

时间：1998年6月29日23时35分

抢险措施：平堵法进占，多船爆炸沉船堵口，泵沙法堆填。

15.1.1 险情概述

1998年6月中下旬，西江、北江洪水上涨，西江梧州站出现了100年一遇的大洪水，北江干流水道三水站出现了20年一遇的大洪水，洪水历时8天半。26—27日，西江马口水文站和北江河口水文站分别出现了9.6m和9.46m的洪峰水位。

某水闸单孔净宽6m，涵洞式结构，1997年冬建设，刚建成尚未经受洪水考验，见图3-15-1。6月29日7时，闸外北江支流南沙涌水位退至7.75m（内涌水位为1.0m）时该水闸内右翼墙在0.4～0.5m高程处有浊水渗出，未能引起重视。14时30分渗水增大，并带出粉细砂。有关人员采用抛压沙包、碎石处理，未果。16时30分，船闸左侧斜墙也有渗水；17时左右，船室护坡与底板交接处间歇出现几次较大涌水并带出黑泥沙水；18时5分，在场的当地领导和工程技术人员采取了3项措施：①关闭船室人字门，蓄高船室水位；②往船室填砂、石压渗；③在闸前外坡用帆布铺盖，用砂、石压顶进行堵漏。

由于报告险情延误，当晚约 20 时许，市三防有关人员才到达现场。此时闸后两侧翼墙管涌不断扩大，形成大水柱从翼墙顶部喷涌而出，堤顶开裂，局部堤坡下沉，外江侧水面出现较大漩涡。有关领导赶到现场指挥，调集车辆、人员、物料采取抬高闸后水位、封堵进水漏洞、抢填开裂下沉堤坡等措施。

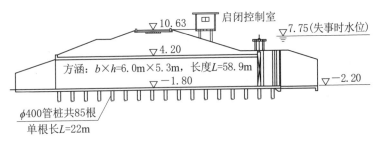

图 3-15-1　某水闸示意图（单位：m）

约 20 时 50 分，喷出水柱直径已达 2m，而封堵进水漏洞口的行动因漩涡水流太猛而失败。随着堤面下沉加剧，21 时 10 分，在外坡闸门启闭架与水闸控制室之间的涵洞左侧发现水面有一个大漩涡，随后涵洞左右两侧水面再发现两个小漩涡，虽用帆布封堵大漩涡的孔口再沉船压堵，但船室喷水量仍继续增大，控制室（涵顶）右侧出现垂直的堤段裂缝，并向坡脚延伸。至 22 时 35 分，大堤溃决。溃决时共沉放了 3 条船和 4 辆装满沙包的大型自卸车于决口前后，但顷刻被急流吞噬，无济于事。形成的决口长 115m，深 15m，决口稳定期的最大流速为 4.5m/s，最大落差为 7m，最大流量为 1700m³/s，见图 3 - 15 - 2。

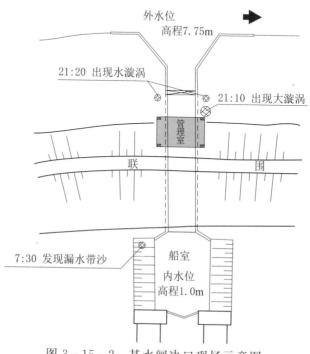

图 3 - 15 - 2　某水闸决口现场示意图

15.1.2　出险原因

1998 年 3 月建成的某水闸决堤，教训极其深刻。出险主要原因有以下方面：

（1）建设单位严重违反建设法规和程序，设计涵身基础采用混凝土支撑桩，两侧填土时，涵身不能随两侧和底部基土同步沉降，使涵侧和底部土层形成松散层甚至产生空隙，施工单位无资质，填土质量不好，致使洪水到来时，水从涵洞两侧和基础接触面集中渗流引起失稳破坏，最终导致该引水闸堤段崩决。

（2）误判险情，警惕性不高，抢险措施不当，延误抢险时机，抢险预案不落实。发现险情时，现场人员误判出险原因，不从最坏处着想采取措施，从而延误抢险时间六七个小时，贻误了抢险时机，使险情扩大并恶化，也是造成这次决口的重要原因，见图3-15-3。

图3-15-3　某水闸决口场景

15.1.3　抢险措施

1. 群众安全转移

鉴于险情严重，21时左右，抢险指挥人员部署了围内群众的安全转移工作并立即组织行动，共疏散、转移、安置16万人。

2. 迅速抢筑第二道防线

针对该联围由两个子围合并且围内大部分旧堤涵闸尚存的客观实际，指挥部策划安排了抢筑第二道防线的工作。水闸崩决的同时，第二道防线抢筑工作随即展开。抢险人员进一步调集历史资料，核查现实状况，确定第二道防线的走向、标高控制等，在有序的指挥下，一万多军民连续奋战十六七个小时，填筑沙包 45 万余个，调运土石方 1 万多 m^3，加高加固堤段 7.5km，堵塞桥孔、涵闸 9 个，把决堤洪水局限在一定范围内。随后加强值守维护总长 14km 的第二道防线，并成功排除第二道防线中的某电排站管涌险情，有效地解除了决堤洪水对约 368km² 围内的 30 万民众的威胁。

3. 水闸抢险堵口复堤工作

堵口采用平堵法进占，大量抛填沙包、钢筋笼石块，奋战 5 天 5 夜，在龙口沉船 17 艘，于 7 月 4 日 17 时正式合龙。抢险中用管理船只为沉船定位，用多船并排同步沉放，适量炸药局部爆破，使装有沙包、石块的船体快速下沉，起到迅速堵口截流的目的。7 月 3 日 4 时，爆破沉船堵口截流前的准备工作就绪。第一次爆炸沉船从 6 时开始，至 17 时，前后共分 7 次成功将 17 艘水泥船整体沉入决口围堰区，为堵口围堰的合龙奠定了基础。在沉船行动的同时，1600 多名解放军和武警官兵从两侧用沙包构筑围堰，连续奋战了 5 天 5 夜。根据该地区沙围堰填筑经验，复堤工程采用泵砂法堆填并设混凝土防渗墙，通过在合龙围堰前抛筑块石平台镇压，后方大面积吹填砂，出露水面后用碎石桩振动密实，上部分层碾压黏土填筑堤身，沿堤轴线修造 60cm 厚混凝土地下连续墙防渗。由于砂堤堆填呈松散状态，标贯平均值仅为 3～6 击，不能满足堤身稳定和抗震要求，需进行振冲加固。砂堤顶高程为 10.6m，填砂范围长约 10m，宽约 60m。

4. 组织溃堤后水文测验

掌握水文、流量、流速、决口地形数据情况，为堵口提供技术支撑。

某水闸决口封堵成功见图 3-15-4。

图 3-15-4　某水闸决口封堵成功

15.1.4　经验教训

该水闸决堤事故造成联围内 2 个县（区）、5 个镇、48 个管理区 153km² 面积淹没、12 万多人受灾，直接经济损失为 23.1 亿元，教训深刻。一是该工程建设严重违反建设法规和程序，设计涵身基础采用刚性混凝土支撑桩，工程质量特别是回填土质量得不到有效控制，埋下了水闸主体发生接触冲刷、管涌的祸根；二是误判险情，延误抢险时机，前期抢险措施不当，抢险预案不落实，抢险人员、机具、物料到位迟缓，数量不足等，这是险情扩大导致决堤的主因。决堤事故在省、市组成调查组调查后，追究了有关人员的责任。其中属地镇水利所责任人以渎职罪被追究刑事责任，其他相关人员受到行政处分。

该水闸决堤抢险也提供了以下宝贵的经验：

（1）落实防汛抗洪行政首长负责制是关键。该水闸决堤后，省委领导第一时间赶到现场，亲自指挥部署决口堵口抢险工作。在封堵决口的同时，紧急加固抢筑第二道防线，全长14km仅用16.5小时就完成，保护了围内2/3的地区、30多万群众避免受灾，减少经济损失100亿元。抢险共投入人力12.5万人次，抢险运输车辆2000余台，船只300多艘，投入编织袋150万只，砂石料21.9万 m^3 等，折算资金达4500万元。

（2）灾后群众安置、卫生防疫、排渍、建筑物安全鉴定、农技指导、救灾复产等有序进行，有效保障了社会稳定。7月22日，围内渍水排干，为晚造备耕、工厂复产提供了条件，灾痕短期内得以消除。

（3）二道防线的成功，也说明了防洪风险图编制的重要性。事实上，在较大堤围内提出防洪分区的理念，是值得考虑的。

15.1.5 启示

（1）堤防是防洪保护区的最后一道屏障，必须清醒地认识到，一旦溃堤洪水无法控制，其造成灾害损失十分严重，且决口几乎无法及时堵上，必须加强防守，防患于未然。

（2）该水闸决堤与误判险情和第一时间处置措施不当有关，致使发现管涌后历经 9 小时最终抢险无效而崩决。这场洪水使人们认识到加强防洪知识和抢险技能培训，提高领导干部和防洪人员特别是基层水利人员的防洪抢险知识水平是十分必要的。

（3）随着社会经济快速发展和防洪形势明显变化，沿袭传统治水理念与方法难以应对当下面临的治水新问题。在充分认识洪水"利、害"两面性的基础上，通过洪水风险管理，协调处理好人与洪水之间的关系尤为重要。

15.2 渗水抢险——肇庆某电排站抢险

险情类别：穿堤涵渗水

时间：2005 年 6 月 26 日凌晨 1 时 30 分

抢险措施：抢筑临时围堰，抛沙包加土工膜封堵，沙包围井填压。

15.2.1 险情概述

某电排站是西江干堤的一级排涝泵站。该站于 1978 年 10 月兴建，1981 年 6 月底建成投入运行，设计集雨面积为 37.3km²，排涝面积为 3.2 万亩，排涝标准为 10 年一遇 24h 暴雨四天排干的 80%装机设计，装机容量为 1395kW/9 台，保护人口 2.2 万人。该电排站泵房为堤后式，穿堤建筑物包括压力涵及排水涵，均为混凝土方涵，其纵向设沉陷缝分节，缝间设止水，两涵中心线相距 20m。压力涵孔口尺寸为 2 孔 2.5m×2.5m(宽×高)，总长 65.5m，分 6 节。排水涵孔口尺寸为 1 孔 3.0m×2.5m(宽×高)，总长 76m，分 7 节。

该电排站所处西江干堤段堤基地质存在厚约 27m 的中细砂或中粗砂层，历史上每遇西江洪水均有较严重的管涌险情出现，建设期间就因泵房基础底板出现下沉而临时改变泵房布置，将原"一"字形改为 L 形。1994 年西江遭遇特大洪水期间，水闸、压力涵、进水段、泵站等建筑物因出现大面积管涌而遭受严重毁坏。1997 年 7 月西江洪水期间，该站进水前池出现大面积管涌破坏，造成泵房结构开裂、位移，压力涵分缝扩展漏水等险情，同年年底经省水利厅批复同意进行水毁修复加固。其主体工程包括干堤迎水坡高压定喷防渗墙、压力涵加固、泵房结构加固、进水前池压渗等，并于 1998 年 4 月底前完工。1998 年 6 月西江洪水，该电排站洪峰水位为 10.52m，该段没有出现险情。

2005 年 6 月 26 日凌晨 1 时 30 分（外江水位为 8.90m），该电排站压力涵分缝出现漏水，进水前池出现多处管涌、沙喷，造成泵房基础下沉，泵房电机层结构沉降缝处出现扩展位移，外墙出现不规则裂缝，裂缝位移有不断扩展的迹象。当地市、县三防办公室接到险情报告后，立即组织技术人员赶赴现场，与此同时，省水利厅防汛抢险工作小组到达现场，迅速研究抢险方案，并马上采取措施进行抢险。

15.2.2　出险原因

（1）电排站站址处基础下卧层地质较为复杂，土层

143

为透水性较强的砂性土，泵房距堤围又较近，其基础承受的渗透压力较大，在覆盖层较薄弱处易发生管涌现象。

（2）工程年久老化，受地基不均匀沉降的影响，在压力涵和排水涵的周围有渗水通道。

（3）泵站的压力涵出口拍门在高水位情况下没有关闭严密，导致漏水。

15.2.3 抢险措施

经现场观察，此次险情与 1994 年、1998 年发生的险情情况基本相似，经现场临时指挥部及在场专业技术人员等共同研究，实施如下抢险措施：

（1）进水前池节制闸处筑临时围堰，抬高进水前池内水位以减少内外水位差，确保泵房和压力涵管稳定。

（2）采用抛沙包加土工膜封堵，最后用填土全封闭压力涵进水口，以阻止西江洪水通过堤身压力涵倒灌。

（3）用沙包围井填压进水前池管涌和沙喷。

险情发生后，市三防指挥部立即调遣在当地待命抗洪的 600 名武警官兵火速抵达现场抢险。坐镇区指挥防汛抗洪的省、市领导和省水利专家也迅速赶赴现场指挥抢险。

区领导带领地方党政机关干部职工，预备役、民兵抢险队，当地群众迅速到达抢险现场；12 万只编织袋、脚手架、土工膜、纤维布等一批抢险物资很快运到现场。驻守当地武警官兵也投入抢险队伍中。见图 3－15－5。

图 3-15-5　武警官兵现场抢险

6月26日13时，抢险现场传来消息，内涌5m高围堰的构筑基本完成，泵站前池沙喷、管涌基本控制，电排站险情得到控制。

16时，险情进一步被控制，电排站段出水的涵洞口被封闭。

17时，经过12小时的奋勇抗击，沙浦围终于保住了，险情排除。

该次电排站出险抢险过程中，由于领导高度重视，对出险原因分析准确，抢险技术运用得当，抢险方案得到落实，解放军武警官兵及当地干部群众等5000多人同心合力，于当日18时左右，险情得到全面控制。压力涵分缝处漏水现象基本停止，泵塘前池管涌沙喷亦基本消除，泵房结构经跟踪观测，位移亦趋于稳定。由于这次险情的发生，该电排站遭受了极其严重的破坏，经测量，泵房上部裂缝宽最大达 11cm，垂直沉降最大值 14.4cm，右侧泵房呈倾斜状，泵站压力涵出现多处拉裂，经鉴定，该电排站已经不能再继续运行。

由于西江正值主汛期，虽然该电排站险情初步得到排除，但泵塘依然存在局部冒水、泵房位移持续发展等险情，难以确保下次大洪水不出险。为确保汛期安全度汛，6 月 27 日上午，省抗洪工作组在该电排站召开了重大险情现场工作会议（见图 3-15-6），决定急需做好以下两项工作：

图 3-15-6 水利专家现场研究抢险方案

（1）加大出水涵管出水口已封的沙、石、土防渗体面积，并在压力涵管上游侧至自排涵下游侧新筑一条长 65m 的黏土防渗子堤。子堤坡脚抛筑网袋石或钢筋笼石护脚。对电排站泵塘、自排进水口段回填砂石压渗。同

146

时做好临时抽排措施，解决内涝问题。该电排站堤身、压力涵管、自排涵拆除重建，有关设计于7月底完成，争取汛后动工，第二年汛前完成。

（2）该电排站已失去排涝功能，应按程序办理电排站报废手续。2005年11月电排站出险重建工程经省发改委立项，投资估算为2400万元。对出险的电排站进行拆除，并另觅新址重建。

15.2.4 经验教训

此次电排站穿堤建筑物管涌险情，值得注意的是：

（1）堤防在防御洪水灾害，保护防护区安全方面起着举足轻重的作用，一些堤防的穿堤建筑物容易成为防洪工程的最薄弱环节，因此对穿堤建筑物的布置、设计、施工必须严格控制。

（2）堤防险工险段要备足防汛抢险物料、器材，加强巡查、重点防守。

（3）加强对泵站拍门的检查，防止因拍门在高水位情况下无法关闭，重要穿堤泵站压力涵管在出口末端尚要设一道事故闸门或检修闸门以便拍门或快速闸门的拆修和保养。

15.2.5 启示

该电排站管涌险情抢护成功，有深刻的启示：

（1）各级党委、政府的正确领导，果断决策。在防汛抢险的第一时间，领导一线指挥防洪抗洪，正是领导到位，带动了技术参谋到位、物资筹备到位、抢险队伍到位、抢险设备到位、通信保障到位，使得各项工作扎实有力，应对险情有条不紊，抗洪救灾两条战线初战告捷。

（2）各级干部一心为民，冲锋在前，基层组织发挥了战斗堡垒作用，党员以实际行动发挥模范带头作用。

（3）广大人民群众临危不惧，团结奋斗。

（4）解放军、预备役人员、武警部队、公安干警冲锋在前。

（5）有赖于改革开放以来，广东省加强水利基础设施建设，不断提高防灾抗灾能力。

15.3 滑坡抢险——某联围背水坡滑坡

险情类别：堤围滑坡

时间：1996 年 7 月 2 日

抢险措施：按照"前堵后导"的原则，采取土袋帮宽防渗，石渣导渗、压渗支撑的方案

15.3.1 险情概述

某联围全长 45km，现有防御能力约 30 年一遇。1996 年 6 月 29 日至 7 月 3 日，珠江流域发生大暴雨洪水（以下简称"6·30"洪水）。

7 月 2 日 18 时，某联围的某背水坡发生大滑坡，滑坡段长近 50m。滑动一开始堤身滑去约 2/5，滑坡土体填入坡脚外 20m 处的池塘内，滑坡面呈直立陡坎，坎高达 6m，滑坡面上渗水向下流淌。在抢险过程中，险情不断恶化，堤顶继续开裂下滑，最险处堤顶宽仅剩下 0.7m，濒临一触即溃的境地。"6·30"洪水最高水位为 11.08m。滑坡前堤顶高程 12m，顶宽 5m，边坡坡比为 1：2，迎水坡脚外有滩地，高程接近 8m，背水坡地面高程近 6m，背水坡脚外为池塘。

15.3.2　出险原因

该险段原为鱼塘，其堤身和地基情况不清。据勘探资料和汛后开挖剖面目测，塘身上层3.5m内为含大量碎石砖瓦素填土，下层为粉质黏土，其中夹层薄的（10cm左右）、含泥的中粗砂为强透水层；塘顶以下6.4～7.8m（高程5.3～3.9m）地基表层为淤泥质黏土。因高水位持续时间长，在渗透水流作用下，堤身饱和，背水坡脚外又临池塘，导致滑动破坏。

15.3.3　抢险措施

滑坡发生后，工程技术人员迅即赶到现场，察看险情，认定是深层大滑坡，且有继续恶化趋势。根据险段周边环境，按照"前堵后导"的原则，采取迎水坡用土袋帮宽防渗，背水坡用石渣导渗、压渗支撑的方案。因迎水坡脚外有滩地，水深约2m，滑坡后堤身单薄，渗水量大。抢险一开始，集中人力、物力突击抢救迎水坡，用土将堤身帮宽2m以缓解险情。

在继续帮宽的同时，开始着手抢护背水坡。初始抢护方案为：先于背水坡脚外约18m处用麻袋包做一道顶宽2m、高2m、平行堤身的阻滑基脚，以利于导渗阻滑。然后用石渣以1:2.5边坡复坡，至残留堤身处，再帮宽堤身2m，约需石渣3000m³。但由于运距远等原因，方案实施难度大，在阻滑基脚做好后，将原计划的1:2.5边坡复坡改为用石渣平均铺垫约1m，这样石渣用量约减少一半。又由于堤身继续开裂倒坍，为了尽快控制险情，最后将平均铺垫改为用石子包抢筑条带肋墙支撑，肋墙之间用砂性土回填。肋墙宽约1m，沉入土体后，高出地面约 0.8m，肋墙间距 2.5m。肋墙做好后，堤身及坡面的渗水都流入肋墙向下排出，效果明显。

为了争取时间，最后一道肋墙改为 Y 形布设。肋墙完成后，与阻滑基脚共同形成了较完整的导渗排水支撑系统，起到了支撑导渗作用，详见抢险工程示意图见图 3-15-7 和图 3-15-8。加上迎水坡又帮宽到 6m，抢险工程技术措施发挥了重要作用，至 3 日凌晨 4 时，共用 10 小时使险情得到了控制。天亮后肋墙之间改用石子回填复坡，更有利于排渗和稳定。

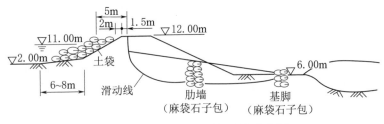

图 3-15-7　滑动断面层示意图

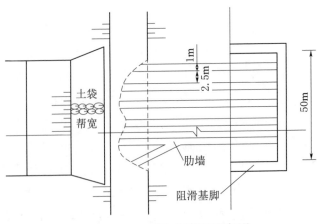

图 3-15-8　滑动平面示意图

150

15.3.4 经验教训

（1）提高堤防工程防御标准势在必行。堤防工程是防洪建设的重要内容，根据流域防洪规划，加大投入力度，对重要河段的堤防进行除险加固和扩建，有效地提高了防洪能力。

（2）保证临时滞蓄洪区的正常运用非常必要。1996年"6·30"洪水，东苕溪的临时蓄滞洪区处于自然溃堤状态，未能按计划运用，使洪水位逼高，加大了该联围险情。加强蓄滞洪区的建设与管理，实行防洪基金和洪水保险制度十分必要。

（3）防洪抢险预案要落实到基层。"6·30"洪水后，对该联围的防洪调度预案和防洪抢险预案进行了修订完善。预案重点要具有可操作性，总结该联围历次险情案例和抢险经验，分析各堤段今后遭到特大洪水时可能发生的险情，制定相应的抢险技术方案。方案明确了抢险物料、运输工具、抢险人员以及组织指挥等内容。并在图上标明各防汛仓库、沿堤附近可供砂石料的地点位置及储备物料清单等。汛期一旦发生险情，即按预案实施。

（4）果断做好抢险决策工作。工程技术人员要做好现场指挥的参谋，根据险情和险段现场的实际情况，因地制宜提出抢险方案，供指挥决策。对提出的正确方案，工程技术人员要敢于坚持，应尽心尽责、自始至终做好现场指挥的参谋，以便其果断决策，赢得时间。

15.3.5 启示

通过这次抢险救灾，有如下深刻启示：

（1）必须安排具有较强技术水平的专家组成技术

组，分析研判情况，准确计算，谋划方案，同时确定有抢险经验、设备强、技术好的施工队伍组织实施。

（2）要有充足的必需物资供应保障，特别是要及时修复损坏的道路桥梁，保证安全通行，同时确保电力与通信畅通。

15.4　管涌抢险——某大堤"94·6"险情

险情类别：管涌

时间：1994 年 6 月 19 日

抢险措施：按照"导水抑沙"的原则，采取砂石反滤围井方案

15.4.1　险情概述

1994 年 6 月 8—18 日，受 9403 号热带风暴在粤西登陆的影响，北江发生 1915 年以来最大的近 100 年一遇的特大洪水（简称"94·6"特大洪水）。

某大堤强透水基础的堤段长超过总堤长的 50%，基础渗透是大堤的主要隐患之一，虽多次进行灌浆等加固，但未得到彻底解决。1994 年 6 月 19 日 6 时，外江水位为 14.64m，超警戒水位 4.14m，该大堤石角段（桩号 7+330），离背水堤内坡脚 100m 处的莲藕地发现喷水孔，地面高程约 6.0m。直径范围约 1.5m，喷水高出塘水面约 10cm，涌水量约 100L/s，并带出大量沙粒。如果不能迅速制服"管涌"，将可能引发大堤溃口，后果不堪设想。

15.4.2　出险原因

该区域与残丘把堤内围成一个不到 10km^2 相对半圆

形的盆地，为半封闭的水文地质环境。由于堤内覆盖层较完整，洪水期堤内地下水位较高。根据"94·6"洪水时的实测资料，外江水位14.8m时，测得7＋330断面B_3测压管内水位13.0m（距堤内脚约80m），表明堤内地下水的水头损失较小。堤内坦盖层虽然较完整，但由于人为挖掘水塘和水沟，使得局部覆盖层变薄，一般变薄至1～2m。在"94·6"洪水期，因为该处盖层较薄，在高水头地下水承压的作用下，地下承压水头大于地表覆盖层压重，覆盖层被顶穿发生流土破坏，俗称管涌，出现喷水冒砂现象。

管涌险情与该区内半封闭的水文地质环境、堤基透水层及透水性、黏性土盖层的厚薄及延续性等有关，造成管涌的地层主要为第四系强透水砂层。大堤7＋330断面产生管涌的根本原因是：①堤基下面有厚层的强透水砂层及砂层上覆的黏性土层不够厚；②洪水期产生堤内承压水压力。

15.4.3　抢险措施

抢险调集数百名解放军战士进行抢险，一边往喷水孔填倒碎石，一边在外围用沙包筑围井，形成碎石反滤堆。抢险过程中，在围井外围又发现冒沙孔，同样抛碎石填筑围井，经10多个小时的奋战，耗用编织袋1.2万只，河砂400m³，碎石800m³；填筑反滤围井面积约400m²，至6月20日4时险情基本得到控制；但反滤堆上仍不时有泥沙冒出，在反滤堆上继续加一些粒径较小的碎石（1～2cm）后，至6月23日12时渗水逐渐变清，抢护成功。

对于管涌的抢险，抢险原则是"导水抑沙"，即将渗水导出以降低渗透压力，经反滤围砂以稳定险情。对管涌险情，一般采用砂石反滤围井，围井内径一般为管涌口直径的 10 倍左右，多管涌点时，围井应把所有管涌点围在内。围井时先将建井范围内杂物清除，用砂包筑成围井，井中铺设粗砂、碎石，粗砂厚度为 20～30cm，碎石的厚度视出水情况而定，以能排出水但不带细砂为宜。当管涌出水涌沙量大时，先用碎石甚至块石铺筑，以减弱水势，待水势减弱后再在井内做反滤层，如发现填料下沉，继续补充面层滤料直到稳定为止。如缺乏反滤砂料，亦可采用土工织物代替粗砂层，但在铺土工织物前，应把原地面所有带尖的石块和其他杂物清理干净，土工织物上面一层的碎石厚度根据出水情况而定。对于水下管涌，可根据附近地形情况，先适当蓄高水位，派人潜水摸清管涌的位置和发展情况。如果水位抬高后管涌自动消失或冒沙量明显减少，可暂不采取其他措施，但要派人驻守，加强观测。如果抬高水位后险情仍有发展或者险情虽暂时稳定，但外江水位还在上涨时，要采取措施做反滤铺盖或反滤围井（见图 3-15-9）。

大堤在"94·6"特大洪水时，多处发生管涌险情。在正确指挥、处理措施得当、军民团结奋战下，险情得到有效控制，大堤安然无恙。

15.4.4 经验教训

（1）切忌用不透水材料强填硬塞，要避免使用黏性土修筑压渗台，以免截断排水通道，造成渗水无法排

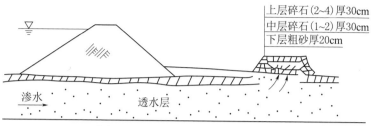

上层碎石(2~4)厚30cm
中层碎石(1~2)厚30cm
下层粗砂厚20cm

渗水　透水层

图 3-15-9　反滤围井示意图

出，使险情恶化。

（2）所有反滤砂石料必须干净，不含泥团等杂物，粗砂料中的粉细沙含量尽可能减至最少，以免造成反滤体排水不畅而使险情恶化。

（3）较大险情处理后，要派人值班看守，发现反滤体下沉，应及时填补面层滤料。

（4）该堤段为半封闭的水文地质环境，认为不宜采用全截式的垂直防渗措施，因其不利于堤内地下水的排出和减压。从堤内发生管涌或流土的险情看，其承压力来自外江洪水位，都发生在黏性土盖层缺失或盖层较薄地段。因此，采取的填砂压渗结合减压措施方案是合适的。

15.4.5　启示

"94·6"大洪水出险情况表明，基础渗流稳定仍然是困扰大堤防洪安全的主要问题之一，应区别不同情况，采取相应的技术措施，及时消除安全隐患。每年汛前，对各类险情做到有针对性分类整治，汛期中合理安排人力、物力，重点险工险段重点把守。坚持做到对汛情"宁可信其有，不可信其无"，确保防汛万无一失。

同时，必须重视与加强堤后护堤地的管理与监督。严禁在上述区域范围内违章打井、挖鱼塘、挖坑取土等破坏堤后黏性土覆盖层的各类活动；对确因工程建设需要，特别是需要进行地质钻（坑、槽）探，深挖房屋基础、基坑开挖等，必须依法审批后才能开工，并应及时认真封填密实，免留后患。

第 16 章

水库抢险案例

16.1　漏水抢险——某水库输水涵管抢险

漏水抢险案例

险情类别：主坝输水涵出口非正常漏水

时间：2011 年 6 月 26 日 12 时 50 分

水库类别：小（1）型水库，267 万 m³，均质土坝

抢险措施：修筑围堰，降低库水位，外堵措施

16.1.1　险情概述

某水库地处雷州半岛亚热带，气候温和，雨量充沛，多年平均年降雨量为 1400mm，多集中于 7—9 月，占全年降雨量 60% 以上，多年平均年蒸发量为 1340mm。水库控制集雨面积为 58.26km²，干流长为 13.2km，水库正常蓄水位为 14m。相应库容 267 万 m³，死水位为 8.50m，相应库容为 4.6 万 m³。该水库是以工业生活供水为主，兼有防洪、灌溉、水产养殖等综合利用的小（1）型水库。水库大坝为均质土坝，无副坝，坝顶高程为 19.50m，主坝坝坡迎水面坡比为 1∶2.5，背水面坡比为 1∶2.25。溢洪道有 10 孔，无闸门控制，堰顶宽 30m，堰顶设计高程为 14.00m，旧输水涵管位于主坝右岸处，涵身为混凝土预制管。

2011 年 6 月 26 日 12 时 50 分，职工巡查时发现水库主坝旧输水涵坝后出口处，在涵闸关闭的情况下出现较大渗漏水，水质浑浊。当时水库水位为 14.18m，库容

159 万 m^3，渗漏出水口高程为 8.5m，渗流量约 $1.0m^3/s$。若不及时有效堵漏，严重时会引起溃坝，危及下游城区群众的生命财产安全。

出险主要在 3 个部位：

（1）下涵口右侧浆砌石挡墙崩塌近 1m，水绕原封口木制闸门，进入涵内；渗水流量可达 $0.8m^3/s$，是主要渗水部位。

（2）下涵口左侧浆砌石挡墙穿孔，孔径 0.3m，渗水流量可达 $0.1m^3/s$，是次要渗水部位。

（3）下涵口右侧浆砌石挡墙或浆砌石涵拱顶裂缝，渗水入涵，流量较小，但有漩涡出现。

16.1.2　出险原因

经勘查，异常出水的原因是输水涵进水闸门槽周边混凝土损坏，形成较大的漏水通道。在排干围堰内的积水后，清理周边杂物和挖开输水涵口周边。经过现场勘查，输水涵有上下两个入口，上涵口入口高程为 10.0m，通过竖井与下涵管连接；下涵口入口高程为 8.5m，涵口为浆砌石拱型结构。旧输水管进口八字墙为浆砌石结构。因多年运行，勾缝脱落或原施工不密实，形成渗水通道而漏水。

输水涵上进口及闸前坦的基础没有深入到底进口下方，而是直接用浆砌石砌在下涵口的拱型结构上。立柱、上部闸室等结构的重量全部压在拱型结构上，导致下涵口拱型浆砌石坍塌。

16.1.3　抢险措施

主要采取以下两项措施：

（1）降低水库水位。广东省防汛防风防旱总指挥部（简称省防总）于 6 月 27 日 0 时 20 分发出调令调遣设备和人员，调用 12 套移动式虹吸抢险泵赶赴现场，采用虹吸管排水及利用自来水公司涵管抽水降低水库水位。水库大坝抢险现场见图 3-16-1。

（a）移动虹吸泵排水

（b）近水段封堵

图 3-16-1 水库大坝抢险现场

（2）进口段封堵。采用棉被和沙包等材料封堵旧涵管进水口及侧墙等临时抢险措施，向水下填沙包达 5.2 万个，抢筑上游围堰。同时，调派两支专业潜水队 20 多名潜水员下水摸查险情。

抢险历时 14 个日夜，完成人工沙包围堰 40m，机械填筑黏土围堰长 60m，共使用沙包 7.45 万个，围堰黏土 6880m³，浇注混凝土 121m³。抢险中成功安装移动虹吸抢险泵 12 套，抽水 10 天，总排水量约 300 万 m³，将水位降低到 11.0m 高程以下，保证了输水涵闸口抢险工作的顺利进行。7 月 9 日，上游围堰合龙，当天完成涵闸抢修工作。

16.1.4 经验教训

（1）注重基本水雨情收集。险情发生时及抢险过程中，及时准确收集基本水雨情资料能为险情的初步判断、发展趋势以及抢险方案制定提供直接依据。本次抢险工作，一开始就加强出水口流量和水深的变化观测，同时，每日及时收集水库水位变化情况、天气预报信息等，为抢险方案的调整、优化提供了依据。

（2）迅速摸清险情。出险后，迅速组织专业潜水队下水摸查险情，并与现场抢险队水陆联合作战，用防水布、棉被和沙包等材料封堵涵管险患进水口。至 27 日 9 时，使渗流量由 1m³/s 逐步减至 0.1～0.2m³/s，及时控制了险情，为最终抢险成功奠定了基础。

（3）建立有效的指挥机构。有效的指挥机构是抢险成功的关键。本次抢险工作，省防总、省水利厅派出专家组进行现场指导；市成立现场抢险指挥部，分管领导亲临一线指挥，市三防办、市水务局抽派专家现场协助；运河局设立技术组、施工抢险组、物资采购组、后勤保障组、安全保卫组等现场机构。分工明确，责任落实，各部门能高效运作。

（4）抢险方案可行。确实可行的抢险方案是抢险成功的保障。这次抢险方案的出台听取了方方面面的意见和看法，从论证到最终确定，体现了群策群力。

16.1.5　启示

本次抢险实践证明，要提前做好防汛抗洪的各项准备工作，把问题想得严重一些，把困难估计得更多一些，把应对措施抓得更到位一些，尤其防汛物资的储备数量上要适当冗余，要坚持宁可备而不用，不可用时无备。

16.2　溢洪道出险——某水库浆砌石坝爆破拆除

险情类别：溢洪道面板脱落，消能工破坏

时间：2008 年 6 月 26 日

水库类别：小（1）型水库，94.6 万 m³，浆砌石重力坝

抢险措施：降低库水位，爆破拆除

16.2.1　险情概述

某水库工程于 2004 年 12 月底动工，2006 年 5 月底完工试水。大坝坝址以上集雨面积为 2.87km²，干流河长为 2.25km，河流坡降为 0.191。工程等别为 V 等，主要建筑物等级为 4 级，次要建筑物等级为 5 级。大坝为浆砌石重力坝，按 50 年一遇洪水标准设计，500 年一遇洪水标准校核，设计洪峰流量为 74m³/s，校核洪峰流量

161

为 101m³/s；坝顶长度为 108m，坝顶宽为 2m，最大坝高为 28.55m，坝顶高程为 552.3m，上游坝坡坡度为 1:0.1，下游坝坡坡度为 1:0.7，坝身防渗采用混凝土防渗面板，厚度为 30～120cm，坝体有 20cm 的混凝土防渗墙，其他为浆砌石；溢流堰宽度为 25m，堰顶高程为 549.76m，设计最大下泄流量为 87.3m³/s；冲淤涵管用预制混凝土压力管直径为 0.8m，管底高程为 524.00m；发电涵管直径为 0.6m，长为 250m；水库死水位为 527.00m，相应库容为 3.1 万 m³，正常水位为 549.76m，相应库容为 88.4 万 m³；设计洪水位为 551.29m，相应库容为 93.4 万 m³；校核洪水位为 551.49m，相应库容为 94.6 万 m³。坝后电站装机容量为 125kW。该坝下游立面和最大坝高剖面图见图 3-16-2。

2008 年 6 月 25 日 6 号台风"风神"登陆后，库区 6 月 25 日、26 日两天连降暴雨。自 6 月 26 日 18 时至 27 日 12 时，水库大坝连续 18 小时溢洪，6 月 27 日该水库超过汛限水位，水库同时出现了多处险情，见图 3-16-3。经现场检查发现：

（1）水库大坝局部出现严重变形，部分坝体发生向下游侧较大位移。

（2）水库坝体表面存在多条纵、横向裂缝，特别是上游坝面高程 539m 处，发现一条从左至右纵向贯穿裂缝（裂缝宽约 4cm、上下坝体错位约 8cm），下游坝面高程 535m 处也发现一条从左至右贯穿性纵向裂缝，上下游贯穿性裂缝可能已经贯通坝体，形成向下游、倾角约 23°的滑动面。

162

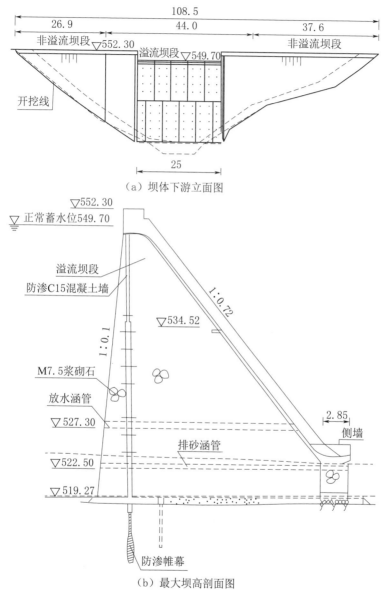

（a）坝体下游立面图

（b）最大坝高剖面图

图 3-16-2　坝体下游立面和最大坝高剖面图（单位：m）

图 3-16-3　大坝现场险情场景

（3）溢洪道两侧高程 535m 处坝面形成了每块面积为 $3\sim4m^2$ 的隆起 4 处，并已脱落。

（4）大坝下游消能工损毁严重，溢洪道面板顶端与坝体顶端之间有约 10cm 裂缝，面板有脱落趋势，末端挑流消能鼻坎损毁，导流墙遭受严重破坏。由于时值主汛期，后期的强降雨势必会给水库带来更大的险情，危及下游库容 177 万 m^3 的二级水库的安全，更严重的是危及下游近万名人民群众的生命安全，必须立即采取工程措施排除险情。

16.2.2　出险原因

该水库未经蓄水验收便投入运行，最终导致险情发生。经检测，该水库大坝浆砌石体施工质量不合格，砌体密度、砂浆饱满度、砂浆强度、砌筑石料大小等指标均不满足规范或设计要求。造成大坝破坏事故的主要原因是大坝浆砌石体强度低，在"风神"水位工况下坝体高程 530m 下游侧首先被压坏，继而使坝顶发生了向下游的倾覆大变形，进而导致上游坝面和坝顶的开裂。

16.2.3　抢险措施

在广东省防总的统一部署和指挥下，省水利厅第一时间派出工作组赶赴现场开展抢险工作，当地政府密切

164

配合，工作组的同志 7 天 8 夜始终坚守一线指挥抢险，采取了一系列果断措施，并根据现场情况，多次组织专家组会议，确定该水库的拆除方式有两种：一种为机械拆除；另一种为爆破拆除。水库水位下降后，经检查发现水库大坝上游面出现多条贯穿性裂缝，大坝已丧失挡水能力，处于严重危险状态。同时，该水库处于广东暴雨高发区域，又正值汛期，随时可能因为强降雨带来安全问题。专家组认为必须全坝拆除。并于 2008 年 7 月 4 日对大坝实施爆破拆除（见图 3-16-4），用最短的时间解除了安全威胁，保障了人民群众的生命财产安全，避免了一次重大安全事故的发生。这次抢险应急响应迅速，处置得当，从而及时有效控制了险情，得到了社会各界的肯定。本次抢险采取了以下抢险措施：

（1）成立水库抢险现场指挥部，由水库所在地主管市长任现场指挥。省防总、省水利厅和市防指、市水务局第一时间派出技术专家组负责现场抢险技术指导及抢险方案实施督导工作。

（2）采取一切可能措施，降低上、下水库水位。强行打开拦砂涵洞和拆除电站输水钢管加大排洪；同时调派省防汛抢险二队负责对该水库下游的水库安装排水虹吸管，增大排洪流量，降低下游水库水位。

（3）对出现严重险情的大坝上部坝体进行拆除，降低至安全高程。

（4）由属地市政府负责现场抢险指挥部后勤保障工作，受影响地区政府负责下游受影响区域内的群众转移和安置工作。

图 3 - 16 - 4　成功爆破大坝

（5）爆破拆除大坝。为迅速降低大坝高程，经专家组反复论证，决定采取爆破方法拆除大坝。由于坝体属于混凝土防渗心墙浆砌石重力坝，且因质量问题，浆砌石特别松散，故决定在混凝土心墙上布孔采用潜孔钻，从工作面往下打一排主炮孔，同时，在浆砌石上采用潜孔钻打一排辅助孔，浆砌石特别松散，扰动性大，难成孔，于是采用灌黄泥浆进行钻孔作业。由于坝体顶面最高处宽度为 2.3m，潜孔钻机无法作业，影响了抢险施工的进度，为了创造作业平台，先采用挖掘机进行拆除，形成一宽 4m 的作业平台。该水库周围 800m 内无炸药需要保护的建筑物，爆破采用中深孔控制把坝体碎块向坝体上下游抛掷。爆破前，水库水量已基本排空，减少对爆破的影响。

本次全坝汛期爆破拆除十分成功，是我国首例对汛期在用水库采取全坝爆破拆除。大坝拆除，期间受到有关媒体广泛关注。因拆除方案细致，抢险措施得力，成功消除了安全隐患，避免了溃坝事故的发生。爆破现场见图 3-16-5。

图 3-16-5　爆破现场图

16.2.4　经验教训

此次抢险总结有以下 4 点经验：

（1）降低库水位。大坝发生险情后，除利用水库底涵等泄水外，应采取水泵抽水、虹吸管排水、增加溢洪道泄洪量等措施加大泄流能力，降低高水位运行的风险。

（2）加强险情检查。水库库水位下降后，技术人员乘坐橡皮艇对大坝进行仔细检查，进一步发现了坝体上游面的多条纵向裂缝和坝体下游面的纵向裂缝形成贯通，上坝体已向下游倾滑错位，如果检查不仔细，这些水下的裂缝可能无法发现。

（3）对水库大坝出现险情的坝段进行强行拆除，降低至安全的高度。

（4）及时转移下游群众。为防止水库溃坝带来的危险，下游紧急动员转移受洪水威胁的村民11796人。

16.2.5　启示

该水库大坝爆破拆除后，经事故调查组全面认真取证和分析，认为导致大坝破坏事故的主要原因是该水库大坝浆砌石体施工质量不合格，砌体密度、砂浆饱满度、砂浆强度、砌筑石料大小等指标均不满足规范或设计要求。实践证明，防洪工程建设质量第一是根本，小型水库工程建设从勘测、设计、施工各个环节都必须严格按照基建程序，加强工程质量监管，严格竣工验收制度。

16.3　滑坡抢险——某水库坝体滑坡抢险

险情类别：水库坝体滑坡

时间：1993年6月

水库类别：中型水库，总库容1552万 m³

抢险措施：加大涵管的泄洪量，降低溢洪道高程，

填盖裂缝及滑坡体，抢筑牛尾墩支撑坝体

16.3.1 险情概况

某水库所在河流属东江小支流。1973年9月动工兴建，1974年1月建成蓄水。集雨面积为18.5km²，土坝坝顶高程为101.28m，最大坝高为36.28m，坝顶长度为134.0m；正常高水位为96.3m，百年设计洪水位为98.26m，千年校核洪水位为98.89m，总库容为1452万m³；开敞式溢洪道长为83.0m，宽为22.0m，堰顶高程为96.3m；输水涵管直径为1.0m，进水口高程为83.00m；坝后电站装机2台，总装机容量为320kW；工程效益为灌溉农田0.7万亩以及古竹镇的居民生活用水。工程出险将威胁下游1500多人的生命财产安全。

1993年6月，水库库区一带连续降雨。库区从6月1—20日20天内降雨量达615.3mm，库水位由6月6日的93.8m(汛限水位91.0m)涨至6月13日的最高值96.91m，超过6月的汛限水位5.91m。由于溢洪道堰顶高程为96.3m，只能在这个水位以上进行溢洪(发电输水涵管下泄量只有7m³/s)，致使水位迟迟降不下来，水库较长时间高于汛限水位并在高值中运行，加上水库在施工质量和工程管理上存在不少问题，导致大坝于6月20日5时30分在背水坡发生大面积滑坡。滑坡时库水位96.6m，相应库容1177.7万m³。滑动面从坝顶背水坡高程95.30m至外坡反滤体顶端，滑动体上部长43.0m，下部长63.0m，最大塌落高度约15.0m，见图3-16-6和图3-16-7。

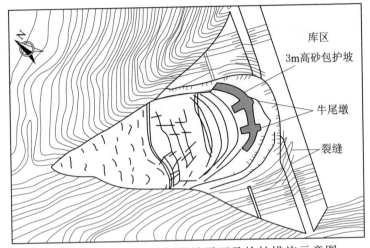

图 3-16-6　水库大坝滑坡平面及抢护措施示意图

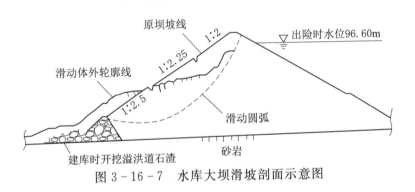

图 3-16-7　水库大坝滑坡剖面示意图

16.3.2　出险原因

根据参加抢险人员分析，坝体滑坡主要原因有以下几点：

（1）管理体制不适应。水库属中型水库，且受益于两个镇，按水库管理的有关规定，应由县级水利部门负责管理，但水库建成后一直没有执行这一规定，县水利

170

部门没有负责管理，而是由水库所在地的镇进行管理。由于管理体制不顺，导致了诸多管理问题。

（2）工程设计上存在问题。背水坡一级平台以上坡度为 1∶2.0，二级平台以上坡度为 1∶2.25，偏陡。

（3）土坝施工未按规范要求进行。在水库土坝施工时，采用的土料是砂岩风化土，其湿化性虽好，但崩解性差，本来不适宜用"水中倒土"法筑坝，但当时大坝施工采用了水中倒土加拖拉机碾压的施工方法。在拖拉机碾压时，把专用排水系统中的部分沙井堵塞（施工期间曾发现排水不良），但又未采取补救措施。以上各种原因，导致大坝的浸润线抬高，坝体积水，土体含水量不符合要求。因此，潜伏了水库坝体滑坡的隐患。

（4）超防洪限制水位运行。由于坝后水电站承包给水库管理人员进行管理，为了追求发电效益，水库超汛限水位蓄水（据查大坝出险前水库水位有 40 天超过汛限水位），后遇到较大的降雨过程，库水位迅速上涨。此时水位较高，管理人员虽已认识到要将水位降低，但由于溢洪道堰顶高程较高，不能进行大量溢洪，而涵管下泄量为 $7m^3/s$，无法将水库水位迅速降下来。

16.3.3　抢险措施

大坝发生滑坡后，当地党政部门及时安全转移了下游 1500 多名群众。当时省政府、省防总、水利部门先后派出了多个工作组奔赴现场指导和协助抢险工作，同时出动部队 700 多人次和地方群众一起进行抢险工作，主要采取了如下措施：

（1）省、市、县各级成立了指挥和抢险机构，具体负责抢险方案，调度人力、物资和器材，指挥各路军民进行抢险工作，省三防总指挥部直接指挥抢险工作，并对每一项抢险措施加以研究，并督促执行。

（2）降低水库水位。

1）加大涵管的泄洪量。在涵管阀门全开的同时，将发电机空转，加大下泄流量，水库水位放至死水位高程，腾空库容，控制水位上涨。

2）降低溢洪道高程，加宽溢洪道断面。由于水库在正常水位以下时，水库仅靠涵管泄洪，水位下降太慢，万一碰上较大降雨时，水库水位将迅速上升，并对已破坏的大坝产生严重威胁，大坝安全得不到保证。因此，在原溢洪道上开挖一条深 5.0m、宽 10.0m 的排洪道，增大溢洪道的泄量。

（3）力保坝体安全稳定。由于大坝滑坡后，坝体断面单薄，强度减弱，同时坝面产生了许多横向裂缝和大面积的滑动面，为避免因降雨再次发生各种变化，采取了如下措施：

1）抢筑两个牛尾墩。根据地形条件，坝下游坡脚受左、右两座山脚所夹持，并有下游反滤棱体的支撑作用，因此，在滑动土体顶端抢筑两个底宽 4.0m、长 7.0m、高 3.0m 的"牛尾墩"，支撑滑坡后单薄的坝体，并在坝体滑动面用无纺布压沙包保护。

2）填盖裂缝及滑坡体。为了防止雨水渗入滑坡面和裂缝中，用黄泥填补坝体及滑动体的接触面和坝体本身的裂缝，加盖尼龙薄膜。对大面积的滑坡土体用竹笪全面覆盖，防止雨水冲刷和渗入裂缝，造成新的不稳定。

3）增设滑坡体位移、渗流量及裂缝观测点，加强监测，一旦发生变化时则尽早采取抢险措施。

（4）加强通信联络。在水库增设多台无线对讲机，配备卫星电话，保证水库与上级直接联系。

（5）地方行政领导、技术人员以及100多名抢险队伍在险情得以控制后驻守水库，以备大坝再次出险时能及时抢护，保证水库能安全度汛。同时，制定在水库可能再次出险时的下游群众安全转移方案等。

16.3.4　经验教训

该水库的出险，暴露了不少问题：主要是以行政首长负责制为核心的责任制不落实，造成工程防洪责任人不落实；没有按规定制定工程防洪安全应急措施；没有配备防洪技术的责任人；没有按省定标准进行防洪砂石料以及编织袋等抢险物资的储备等一系列问题。总的来说，在思想、防汛队伍组织、物资器材和措施上都存在不少问题，以致在工程出险后，思想混乱、组织涣散、物资缺乏、措施不力，抢险工作十分被动。因此，要搞好防汛工作，必须落实好以行政首长为核心的各种防汛责任制。

16.3.5　启示

水库是一个复杂的水利工程，其滑坡现象也有很多类型，如库岸滑坡、土石坝滑坡等，不同的滑坡其产生原因也有一定的差异。因此，在处理水库滑坡时，一定要针对性地展开滑坡的机理分析，做到因地制宜、对症下药，让水库滑坡的防治措施落到实处。其次，在制定防治措施时，也要考虑到成本因素，尽可能做到就地取材，并且要坚持力求根治的思想，不要对于滑坡治理应付了事，以免留下安全隐患。目前，广东对水资源的开发越来越重视，建成了大量的水库工程。因此，有关单位更要加大对水库滑坡防治的研究力度，为水库建设事业保驾护航。

16.4 溢洪道破坏——某水库溢洪道抢险

险情类别：水库溢洪道破坏

时间：2007年6月9日

抢险措施：降低库水位，堵溢洪道口减少水流，坝脚坍塌抢险加固

16.4.1 险情概况

受高空槽东移及副热带高压边缘西南气流影响，从2007年6月7—10日梅州市开始普降暴雨，局部大暴雨。6月7—9日三天全市平均降雨224mm，梅州城区三天降雨量达295.5mm，降雨频率超过50年一遇，6月8日降雨量达172mm，降雨频率接近20年一遇。梅县清凉山水库库区降雨量达30年一遇。长沙小密水库最大24小时降雨量（8日10时至9日10时）达到50年一遇。受强降雨影响，造成山洪暴发、江河水位急涨、塘库蓄水爆满。梅江中游发生了超10年一遇洪水、梅江下游发生超20年一遇洪水、韩江梅州河段发生超10年一遇洪水，全市受灾严重，部分蓄水工程出现严重险情。

某水库集雨面积为16.8km^2，总库容为486.6万

m³，是一座以防洪和灌溉为主，结合发电的小（1）型水库。水库始建于 1958 年 12 月 11 日，1959 年 4 月建成运行，坝型为均质土坝，坝顶长度为 55m，坝顶宽为 4.2m，最大坝高为 20.7m；溢洪道为开敞式，堰顶宽度为 2m，最大泄流量为 54.29m³/s；输水涵为钢筋圆涵，直径 0.7m，最大流量为 3.11m³/s；坝后电站 1 座，装机容量 40kW。该水库保护着下游 7000 多人的生命财产安全，以及学校 1 间、房屋 1300 间、农田 5000 亩及荷树、达新乡道等。

受 2007 年 6 月上旬连降暴雨的影响，水库水位急剧上涨。6 月 9 日晚，库水位超过溢洪道堰顶高程。10 日 3 时 50 分巡坝人员发现从溢洪道排泄的洪水冲毁了溢洪道下面埋设的引水涵管，并在冲垮溢洪道侧墙后改变了水流方向，直接冲刷水库主坝坝脚，导致主坝坝脚崩塌和主坝后坡反滤体以及最后一级平台下的坝体被冲毁，严重威胁水库下游 7000 多人民群众的生命财产安全。

16.4.2 出险原因

2007 年 4 月下旬，水库坝后电站承包人为增加电站发电量，在未经水利部门审批同意的情况下，开挖水库溢洪道、破拆溢洪道侧墙，在溢洪道内埋设引水涵管至电站发电房。该水库出险的原因除了降雨量大、水库运行时间长、设计标准低等客观因素外，主要还是由于电站承包人在未经审批的情况下，开挖溢洪道铺设发电涵管，导致溢洪道侧墙冲塌，致使洪水直接冲刷坝后坡。现场情况见图 3－16－8。

图 3-16-8　某水库出险现场

16.4.3　抢险措施

　　水库出险后，当地主要领导带领水利工程技术人员立即赶赴现场组织抢险、迅速制订抢险方案，国家防总工作组和省水利厅工作组到现场指导抢险。省防总紧急调派省水电二局施工队支援抢险工作，并出动部队、武警、公安、民兵应急分队等 600 多人参加抢险。

　　在水库抢险过程中，迅速成立水库抢险、疏散转移和后勤保障 3 个小组，全力开展抢险救灾工作。

　　水库抢险组组织抢险队伍 500 多人。抢险从三方面入手：①堵溢洪道口，减少大坝压力。先是抛沙包堵溢洪道缺口，无效，后推 2 台农用四轮车去堵缺口，取得明显效果，有 2/3 的水流归回溢洪道流出，但仍有 1/3 水流向坝后坝脚冲刷，情况暂时稳定。②填堵溢洪道口侧塌坡段。③在坝体冲刷部位迅速构筑反滤体，用铁丝笼和沙包抢筑临时堤坝，将溢洪水流逼回河道，有效控制坝脚坍塌险情。至10日18时险情得到有效控制。

疏散转移组采取打铜锣通知等措施，动员水库下游受威胁的村庄共7000多人转移到安全地带，并搭建帐篷，购买面包、饼干、矿泉水等，妥善安置群众。

后勤保障组调集大型机械设备3台、运输车辆12台，组织调运块石600多 m³、木材100多 m³、编织袋2万多只，梅州三防指挥部紧急支援石笼500多只用于抢险。现场抢险情况见图3-16-9。

图3-16-9　水库大坝现场抢险

16.4.4　经验教训

这次水库出险，虽然没有造成人员伤亡，但暴露出水利工程防洪抗灾能力差、工程监管不到位等问题。出险事故在当地市组成调查组调查后，追究了有关人员责任，其中该水库坝后小水电站承包人被追究刑事责任。

16.4.5 启示

该水库抢险成功主要原因：一是发现险情及时，做到抢早、抢小；二是领导重视，市、县党政领导亲临现场，为迅速调集抢险队伍、物资提供了保障；三是专业抢险队发挥了重要作用。

16.5 管涌抢险——某水库防护堤抢险

险情类别：管涌

时间：2012 年 7 月 13 日

水库类别：大（1）型水库

抢险措施：降低库水位，采用反滤围井压渗，辅以盲沟疏导

16.5.1 险情概况

某水库库区防护堤为 4 级建筑物，属均质土坝，设计洪水标准为 100 年一遇，防护区面积为 41.4km²，人口为 1.2 万人。堤顶全长为 3610m，堤身最大高度为 22m，堤顶高程为 29.20m，堤顶宽度为 7m，堤基自上而下有壤土、黏土、淤泥质黏土、壤土或沙壤土、含砾细-粗砂、含泥沙、卵砾石等。其中黏土层分布最广，厚度最大，变化小，一般厚为 5～10m，出险段为 14～15m，沉积层总厚为 7～22m。

2012 年 7 月 13 日 6 时许，水库库区防护堤附近 T0＋630 堤段（属Ⅱ类堤基）出现了管涌险情。管涌点距离库区防护堤堤脚约 60m 处，初期管涌口直径约

5cm，附带粉细砂，手感冰凉，3 小时后管涌发展成直径为 30~40cm，冒高约 20cm，出水量为 0.1~0.2m³/s，出水浑浊，夹带大量的泥沙，如不及时处理，将会在堤身内部形成更大的涌水通道，引起堤身塌陷，造成决堤事故，危及人民生命财产安全。

16.5.2　出险原因

发现险情后，省防总立即组织相关单位的专家及相关人员赶赴现场会商险情处理方案。经分析，本次管涌是由于库区公路扩建工程进行地质钻探时钻穿不透水黏性土层，进入强透水层，钻探完成后又没有及时进行钻孔封堵所致。根据堤后段管涌险情形成的特点，此次抢险采用压导结合的原则完成除险工作，具体采用反滤围井压渗，辅以盲沟疏导的方法实施渗水压排，避免造成管涌破坏。除险方案如下：在管涌出口处用沙包垒成一个直径为 40m、高 5m 的反滤围井，与防护堤边坡相接。井内反滤料自下而上分三层，结构如下：第一层为 200g/m² 土工膜，铺四道；第二层为中粗砂，厚 1.7m；第三层为 5~20mm 级配碎石，厚 3.4m。同时在反滤体下游坡角开挖一条 1m 宽的截渗沟并回填碎石，用于疏导涌水。

16.5.3　抢险措施

7 月 14 日 7 时，省三防机动抢险二队接到省防总的命令，立即组织人员、设备和材料紧急赶赴出险地点进行抢险，75 名抢险人员和 37 台（套）抢险设备于 9 时至 9 时 30 分陆续抵达现场。连续 24 小时三班倒开展作业，修筑临时施工道路，布设临时用电，确保抢险设备用电和夜间施工照明，开展反滤围井的清基、沙袋围护、土工膜铺设、反滤料填筑等排险工作。紧急从抢险物资仓库调用土工膜、编织袋等物资，同时联系地方石场和沙场等材料供应厂家，并派出挖掘机和自卸汽车装运砂石料。

通过抢险，14日22时30分，管涌流水携泥、携沙量越来越少，险情得到有效控制，16日7时，反滤体的出水清澈，险情基本排除；经过三天三夜连续紧张的抢险，至18日下午，险情得到了控制，抢险工作按计划顺利完成。现场抢险情况见图3-16-10。

图3-16-10　水库现场抢险

16.5.4　经验教训

本次抢险是一次水库防护堤管涌应急处理的成功案例。通过本次抢险，总结出以下几点经验：

（1）对于水库（堤防）运行管理单位，应注意以下3点：

1）管涌危害一般发生在堤防坡脚附近的草地或较远处的低洼地、池塘内，初期孔径较小，不易被发现，运行管理单位平时特别是在汛期要加强巡查。

2）管涌险情发展迅速，极易形成堤身坍塌甚至决堤，危险性大，一旦发现，务必要在最短时间内迅速确定抢险方案并实施抢险，避免错过抢险时机，酿成事故。一般发生在堤脚50m以内范围管涌点，尤其危险。

3）在险情排除后，应仔细分析原因，找出问题的症结所在，提出永久的除险加固措施，决不可掉以轻心。

（2）对于抢险施工单位，应注意以下3点：

1）本次管涌险情发生过程中涌出大量泥沙，若不快速除险必将对出险堤段造成严重破坏。本次抢险采用土工膜和级配反滤料分层压渗导水，同时配合适当范围的围井压重排除管涌险情的方法比较成功。另外，设置碎石排水盲沟的方法对防止围井周边发生管涌次生灾害起到很好的作用。

2）本次抢险过程中遇到征地和青苗补偿问题，当地政府及相关部门快速高效地化解矛盾和争议，为抢险顺利开展提供宝贵的时间和场地条件。

3）在处理技术性较强的抢险工作中，抢险队伍良好的专业技能和快速反应能力是快速除险的重要保障。

16.5.5 启示

（1）有关部门要引以为戒，在建设跨河、跨堤、穿河、穿堤、临河的桥梁、码头、道路、渡口、管线、缆线、取水、排水等工程设施时，应当按水行政主管部门审批的位置、界限和有关保护河道、堤防的技术规范要求进行施工。

（2）通过这次抢险，认识到在抢大险时，必须迅速调集大型运输机械和装载机械，这是提高抢险效率的先决条件，也是保证抢险成功的重要因素。

16.6 水淹厂房——某水库洪水调度案例

险情类别：水淹厂房

时间：2013年8月17日

水库类别：大（1）型水库

抢险措施：调度洪水，切断电源，紧急撤离

16.6.1 险情概况

某水库为大（1）型水库，工程从1957年开始规划设计，1973年重新初步设计，1977年8月动工兴建，1987年12月竣工验收。该水库是一座以防洪、供水为主，兼顾灌溉、发电、改善航运及生态水环境等综合利用的水利枢纽。水库控制流域面积为856km²，总库容为12.2亿m³；水库电站装机2台，总发电流量为80.0m³/s，正常蓄水位、防洪限制水位为76.00m，防洪库容为6.45亿m³；水库按1000年一遇洪水设计、设计洪水位为85.54m，主坝（混凝土重力坝）按5000年一遇洪水校核、相应校核洪水位为87.03m，副坝（土坝）按10000年一遇校核、相应校核洪水位为87.65m。

整个枢纽工程由拦河主坝（混凝土坝、含溢流坝）、副坝（均质土坝）、灌溉涵管、电站、变电站及过坝运输码头等部分组成。

（1）主坝。坝顶高程为88.20m（珠江基面，下同），坝顶宽为6.0m，最大坝高为66.2m，坝顶长为240m。坝中设溢流坝段，溢流坝堰顶设2孔闸，每孔净宽为12.0m，堰顶高程为73.00m，上设9m（高）×12m（宽）弧型闸门，溢流坝下游接长护坦梯形差动式鼻坎挑流消能。溢流坝和电站厂房之间设置放空底孔1个，底孔坎底高程为42.0m，断面为4m×4m，设弧形闸门1扇，采用坝内压力管接明渠泄水道形式。

（2）副坝。位于主坝左岸东南侧3km的万福坳口处，为土坝。坝顶高程为90m，坝顶宽为8m，坝顶长为278m，最大底宽为255m，最大坝高为40m，坝顶设1.2m高浆砌石防浪墙。

条形山副坝位于副坝右侧坝头，由单薄山脊加高培厚而形成，坝长为115m，最大坝高为28.4m，坝顶宽为8m，坝顶高程为90m，坝顶设1.2m高浆砌石防浪墙。

在西南季风与台风"尤特"的共同影响下，2013年8月华南地区出现了大范围暴雨、局部地区特大暴雨。水库库区是本轮降雨的一个暴雨中心。2013年8月16—19日，某库区发生连续降雨、局部特大暴雨，降雨空间集中、强度大、时间长。过程面降雨总量为806mm（16日8时至19日20时），库区新塘雨量站最大6小时、24小时和3天降雨量为1980年建站以来实测最大记录，高潭雨量站最大24小时降雨量达906mm，超过历史实测最大记录，达1000年一遇标准。某水库坝前起涨水位为76.08m（与水库汛限水位基本一致，水库汛限水位同正

183

常蓄水位），坝前水位一度上涨至83.17m，为建库以来最高水位，水库面临严峻的防汛形势。某水库从16日16时18分开始，坝前水位平均每小时上涨22cm，最高每小时上涨31cm。水库在泄水闸门全部打开，全力泄洪过程中，特别是底孔闸门打开后，由于泄量增大，河道较窄，因下泄洪水受河道边坡阻挡反弹，强大水流通过进厂公路，顺坡倒流造成水淹电厂厂房，水轮发电机组及部分机电设备淹浸，厂用电系统供电中断、大坝照明和动力电源中断的意外事故。此次出险过程中还出现了坝腔集水，大坝泄洪闸门无法开启等问题。该水库溢洪道下游300m处左、右岸出现严重水毁的险情。水流冲刷引起的滑坡严重危及右岸连接主副坝公路和交通桥左岸桥台的安全。2013年8月17日22时，厂房被淹事故发生前，电厂工作人员迅速按照预案，紧急停机，切断所有电源，关闭电厂大门，并组织21人撤离现场，有效地将损失降到了最低。

16.6.2 出险原因

由于电站上游流域突降大暴雨，库水位上涨迅速，库水位一度超过建库以来最高洪水位。为确保电站大坝安全，在全部打开溢洪道闸门后，打开底孔闸门增加泄洪。底孔闸门打开后，由于泄量增大，河道较窄，高速水流因下泄洪水受河道边坡阻挡反弹，导致厂区护堤水毁，强大水流通过进厂公路，顺坡倒流造成水淹电厂厂房。本次洪水过程该水库在当地市委市政府的指挥下，严格执行市三防下达的调度指令，加强灾情和险情报告，确保了水库大坝的安全度汛。

16.6.3 抢险措施

受"8·16"洪水影响，某水库水位急剧上涨，该水库运行管理单位于16日12时启动防汛应急预案，进入防汛紧急状态。2013年8月16日12时，水库运行管理单位按三防指令溢洪道闸门开启2m开始泄洪（水位为76.82m），于17时1分溢洪道闸门开度为4m（库水位为77.45m），至21时15分闸门全开。8月17日12时，水库最大入库洪峰流量为5600m³/s，接近500年一遇洪水标准；按市三防指令，该水库做好了打开底孔闸门参与泄洪的准备工作，并于21时46分打开底孔（库水位为83.17m，为此次洪水灾害最高水位）。8月17日22时2分，最大出库流量为1785m³/s。至2013年8月21日8时，5日入库洪量为5.47亿m³，出库水量为4.61亿m³，削峰率为78.4%。水库泄洪情况见图3-16-11。

图3-16-11 某水库泄洪场景

水库库区暴雨和暴雨产汇流形成的巨大入库水量，不但给库区百姓带来损失，还给水库大坝造成巨大的压力，水库一旦溃坝，后果将不堪设想，流域上下游防洪形势极为严峻。紧急情况下，当地三防指挥部会同省、市专家，协同开展该水库应急调度工作。由于电站上游流域突降大暴雨，库水位上涨迅速，为确保电站大坝安全全力泄洪，决定打开水库底孔闸门参与泄洪。2013年8月18日1时，当地政府在水库工程管理单位主持召开专家分析会，对该水库开底孔闸门泄洪造成水淹厂房的情况进行分析总结。2013年8月18日，广东省防汛防旱防风总指挥部下达了调令，安排防汛抢险三队、抢险四队、潜水一队全面进厂开展抢险救灾工作，市、县相关部门积极参与抢险救灾工作。各抢险队伍实施各项抢险措施，尽快恢复进厂交通安全与水库电厂供电，加强混凝土坝扬压力监测，防止边坡继续坍塌与坝前坡可能出现的滑坡，清除河障，制定了详细的底孔闸门关闭方案。2013年8月20日11时，坝腔及厂房开始抽水，至22日上午，积水全部抽完，2013年8月23日上午，在水库水位76.76m时顺利关闭底孔闸门，确保了大坝的安全运行，保障了中下游人民群众生产生活用水的水量储备。

16.6.4 经验教训

（1）水库（水电站）要高度重视对大洪水尤其是超标准洪水灾害的预防，在完善工程本质安全、严密运维管理的同时，加强灾害场景设置、健全预警预测手段、完善应急预案和应对处置准备。

（2）打开水库泄水底涵参与非常调度时，要考虑紧急泄洪道高速水流的强烈冲刷作用给水工建筑物设施带来的安全风险。

16.6.5 启示

环境变化给水库洪水预报调度带来新挑战，要加强水情、工情信息的实时监测，洪水预报预测，调度方案研判与评估工作，进一步提升水库精准预报的能力，更加精确地预测预报入库洪峰、洪量及库水位。加强汛限水位管理，根据实时水雨情、结合中短期水雨情预报，统筹兼顾水库上下游的防洪需要，制定合理的泄洪调度策略，编制水库（大坝）防汛抢险预案，并加强演练，方能兼顾各方利益，取得较好的水库工程防洪效益。

水闸抢险案例

17.1 消能工破坏——某拦河水闸应急抢险

险情类别：消力池局部掏空，海漫冲毁

时间：2013 年 3 月

水闸类别：大（2）型水闸，设计过闸流量 $2220m^3/s$

抢险措施：水下混凝土回填、海漫抛石和金属扩张网施工

17.1.1 险情概况

某拦河坝是以灌溉为主，兼有防洪、航运效益的大（2）型水闸，承担 1.5 万亩农田和近 10 万人口的生活、生产用水调度任务。主要建筑物包括拦河闸、船闸、泵站、电站以及东、西两大干渠，其中拦河闸总宽 149.5m，设计过闸流量为 $2220m^3/s$。

该拦河闸始建于 1959 年 12 月，受当时社会背景和技术条件限制，设计标准较低，配套设施不够完善，经长时间运行建筑物老化明显。2001 年 2 月，经安全鉴定，该闸安全类别为四类，需报废重建。2013 年险情发生时该拦河闸处于重建的初步设计阶段。

2013 年 3 月，水闸上游流域普降大到暴雨，水闸采取紧急措施泄洪。拦河闸发生险情，消力坎局部被掏空 1.5m 深，海漫被冲毁宽度超过 30m（垂直水流方向，下同），当时掏空部分采用了现浇混凝土、海漫段采用

打松木柱的方案应急抢险。

5月28日，受下泄水流冲击，工程再次出险，右岸部分消力坎被掏空0.6m深，海漫被冲毁宽度约70m，其间对海漫进行铺设钢筋石笼的方式临时修复。

6月23日，受2013年第5号台风"贝碧嘉"的影响，拦河闸所在流域连续三天暴雨，其上游的龙颈水库测得的日降雨量达143.5mm，排洪流量达370m³/s，洪水造成消力坎底部被掏空，最大掏空深度达3.7m，海漫全线损毁，其中有三处较大冲坑，最大深约4m，整个拦河闸的消能防冲功能基本丧失，现场情况见图3-17-1。在洪水的持续冲击下，下游掏空破坏现象不断加剧，险情不断发展，严重威胁水闸安全。时值广东主汛期，如再遇洪水，极有可能导致整个拦河闸垮塌，进而威胁下游群众的生命财产安全，形势非常严峻。

图3-17-1　下游消力池海漫冲毁

9月22日，受"天兔"带来的狂风暴雨影响，上游水库排洪，加区间来水约有1200m³/s通过闸坝。事后发现水轮泵站边墙倒塌，冲毁滩地长度80m、宽25m、深3.5～4.0m，水渠护坡崩塌15m。9月23日，13:45闸上水位9.2m；16:00闸坝东岸启闭机室出现基础裸露，植被冲成深沟；16:30分右岸水轮泵站防汛路路面断折，河滩地崩陷，洪水急剧冲过，直接威胁闸坝安全，险情十分严重。

17.1.2 出险原因

（1）拦河闸建设年代久远，老化严重。

（2）拦河闸消能建筑物设计标准较低，原设计消力坎高度不足、海漫连接段过短。

（3）下游河床严重下切，水流流速加大，流态发生变化。

（4）遭遇多次持续暴雨天气，特别是3月和5月的两次洪水冲刷消力坎和海漫，已经产生一定程度的破坏，当时的修补工作未能彻底解决问题。

17.1.3 抢险措施

3月30日出险后，当地三防指挥部及时应对，采用打木桩、现浇混凝土和抛石等加固措施进行了处理。

5月28日出险后，为确保工程安全度汛，指挥部采用铺设钢筋石笼进行加固，到6月22日共铺设钢筋石笼120个，总长6m。

6月23日出险后，省防总督导制定了抢险方案：一是先对消力坎掏空部分回填C40水下混凝土、对受损（或冲坑）海漫段用块石回填，控制险情的扩大；二是抛石延长海漫并在海漫下游设置防冲体防冲刷，保护金属扩张网箱；三是海漫碎石找平，铺双层透水土工布后金属扩张网箱装块石护面。

9月23日出险后，制定抢修方案为：左岸桥墩用混凝土浇筑，掺30％块石，下游冲沟用山岗土回填，面浇筑C20混凝土厚度10cm，右岸回填山岗土，水泵破坏部分采用混凝土回填，前面用浆砌石作挡土墙，面层防护，崩塌25m×80m用山岗土压实，下游基础用钢筋笼铺设。

整个抢险工作完成后，水闸历经后续多次暴雨及洪水的检验，尤其9月龙颈水库排洪流量为800m³/s，拦河闸下游消能设施仍完好无损，闸下游消能设施仍旧安全无险情，说明该次抢险质量较高、抢险效果较好。工程抢险施工现场见图3-17-2。

图3-17-2 工程抢险施工现场

17.1.4　经验教训

（1）加强水闸工程下游水位变化监测。近年来，由于水闸下游河道河床下切、水位降低较明显，应加强拦河闸坝泄流运行的监测，同时密切注意闸下游河道水位的变化，及时开展工程安全分析评估，采取相应的加固措施，防止险情发生。

（2）严格执行水闸操作运行规程。加强对管理人员的培训，严格执行水闸操作运行规程。水闸运行应遵循同步、均匀、间隔、对称开启的原则，不应该采取集中数孔、大开度开启的运行方式，以减轻对下游消能工和河床的冲刷。

（3）在抢险方案制定时，结合了工程实际损毁部位、程度和范围等，采取了大损毁大修复、小损毁小修复、关键部位重点修复的思路开展抢险，均在一定时间内满足了工程抢险的需要。但同时也要注意到抢险受资金与抢修队伍施工力量所限，往往难以保证抢险时效与质量，容易留下新的安全隐患。

（4）对工程结构老化残旧，尤其是消力池及海漫段存在诸多安全隐患、严重影响闸坝安全运行的水闸，应尽早拆除重建，确保安全。

17.1.5　启示

（1）应急抢险应确保资金落实，确保抢修施工队伍具备资质与力量，落实抢险制定的方案，加强施工监督与监测，保证抢险材料符合规格要求，确保施工质量，否则可能会埋下新的安全隐患。本次拦河闸坝出现的多次险情与抢修，其中一个原因就是抢险资金不能落实，抢修质量得不到保证。

（2）应急抢险工作重在科学、安全实效和及时。从案例中也可看出，工程出现了险情，地方以及省级行政主管部门均积极应对，及时有效地组织和落实抢险加固工作。在作出重大抢险措施之前，均会以会议形式召集三防、科研、设计、施工、监理等相关方面的专家和技术人员协商讨论，形成科学、规范决策，为应急抢险工作打下良好的基础。

17.2 闸门失灵——某水电站翻板闸故障抢险

险情类别：闸门失灵

时间：2008 年 4 月 21 日

抢险措施：降低库水位，爆破拆除部分闸门

17.2.1 险情概况

某水电站闸坝为 14 孔闸，孔口尺寸为 10m×4.5m（宽×高，下同），采用水力自动翻板闸门。受台风"浣熊"影响，2008 年 4 月 20 日晚 7 时许，当地普降特大暴雨，降雨量达 100mm 以上。4 月 21 日现场观测记录表明，当水位超出门顶 37cm 时，部分闸门陆续开启；上午 9 时 25 分至 9 时 40 分水位已超出门顶 69cm，但闸门开度远未达到水位超出 30cm 时开始开启，水位超出 70～80cm 全开的设计要求，自动翻板闸闸门自动开启失灵，无法自行泄洪，从而导致洪水位不断上涨，最高时一度超过闸坝 60cm，直接造成电站上游 153.33hm² 农田受浸，并冲垮了超过 100m 长的土堤，严重威胁了县城太平镇及城南镇沿河两岸及附近 5 万群众的生命财产安全。

17.2.2 出险原因

经调查，该水电站水力自动翻板闸门失灵属一起技术事故，闸门不能打开的原因是闸门制造、安装过程中存在一定的缺陷。该水电站最后一扇闸门当年 4 月 1 日安装完毕。据 4 月 21 日现场观测记录表明，闸门开度远未达到"水位超出 30cm 时开始开启，70～80cm 全开"的设计要求。

17.2.3 抢险措施

险情发生后，当地立即启动应急预案，并采取以下几项措施：

（1）迅速组织由驻地部队及人民武装部、武警、公安、消防救援人员和县镇村干部共 500 多人的抢险队伍赶赴现场，加紧填埋沙包保护河堤。紧急转移受困群众 2000 多人到安全地带，灾区学生暂时留校，暂缓回家。

（2）为加快泄洪，迅速降低库水位。紧急调派一台大型挖掘机将电站北边一个闸门挖开以疏导泄洪，但是险情没有得到缓解。指挥部决定实施炸坝应急方案。经两次试爆后，21 日下午 4 时 55 分，水电站南边两个闸门处被成功炸开了一道宽约 10m 的大口，险情得以解除，爆破现场见图 3-17-3。

17.2.4 经验教训

（1）工程设计方面。由于水力自动翻板闸流态比较复杂，水流流态由刚开启时的闸上薄壁堰流＋闸下孔流，到开启到一定角度时的堰流，流量系数和各种水力参数都不稳定，通过理论计算得出的过流能力一般与实际相差较大，如没有进行充分的水工实验，会使得翻板闸门的设计过流能力存在缺陷，致使上游洪水位超出设计预期，从而导致事故发生。另外，水力自控翻板闸门没有检修门，也不设交通桥，给两岸交通和检修造成了不便。

图 3-17-3　水闸爆破现场

（2）运行管理难度大。洪水期，河道中飘浮的树枝、杂草、垃圾较多，杂物堵塞在铰座周围会影响闸门的回关，严重时会在闸门与底板之间形成缝隙，导致闸前蓄不上水。汛后清理这些杂物也比较困难，需要借助千斤顶、吊车或滑轮组把闸门开启起来清除，给管理工作带来很大的麻烦，并造成经济损失。

（3）意外风险高。自动翻板闸门由于其工作原理是

195

由水压与自重平衡的作用使门体自动打开，不受人为控制，加上各种运行时的卡阻不一样，闸门在何时开启很难精确把握。如果下游河道有临时建筑，在没有征兆或通知的情况下，上游翻坝泄洪，会导致意外发生。

17.2.5　启示

水力自控翻板闸门作为一种广泛应用的技术，有其独特的优势，但应保持清醒的认识，不能盲目地仅满足于优点，而忽视其存在的缺陷。工程在设计时一定要综合考虑多方因素，做好模型试验工作，尽可能避免出现设计误区，减少理论与实际的误差。在认识上，不能片面追求经济效益、节省投资，应把安全性、可靠性放在第一位。对防洪排涝及有控泄要求的工程不宜采用水力操作闸门。

参 考 文 献

［1］ 刘松侠，刘军．江河防汛抢险实用技术图解［M］．北京：中国水利水电出版社，2012.

［2］ 董哲仁．堤防抢险实用技术［M］．北京：中国水利水电出版社，1999.

［3］ 牛运光．防汛与抢险［M］．北京：中国水利水电出版社，1993.

［4］ 王运辉．防汛抢险技术［M］．武汉：武汉大学出版社，2004.

［5］ 江苏省防汛抗旱抢险中心．堤防工程防汛抢险［M］，北京：中国水利水电出版社，2019.

［6］ 齐金苑，于文成．水利工程建设百科全书（防洪防汛、抢险加固卷）［M］．北京：当代中国音像出版社，2007.

［7］ 胡昱玲，毕守一．水工建筑物监测与维护［M］．北京：中国水利水电出版社，2010.

［8］ 国家防汛抗旱总指挥部办公室．防汛抗旱专业干部培训教材［M］．北京：中国水利水电出版社，2010.

［9］ 国家防汛抗旱总指挥部办公室．堤防抢险技术［M］．北京：中国水利水电出版社，1998.

［10］ 中华人民共和国水利部．水利水电工程等级划分及洪水标准：SL 252—2017［S］．北京：中国水利水电出版社，2017.

［11］ 中华人民共和国水利部．防汛物资储备定额编制规程：SL 298—2004［S］．北京：中国水利水电出版社，2004.